第二版

給水與純水工程
理論與設計實務

陳之貴 編著

大陸水工股份有限公司 董事長
台大環工博士・技師高考榜首

五南圖書出版公司 印行

馬鴻文教授推薦序

陳之貴博士在台大環工所求學時，我對他印象頗為深刻。他雖已是一家有上百位同仁公司的負責人，並在產業界身兼數職，事業蒸蒸日上；但同時卻是一位不折不扣的學生，而且是位謙虛有禮、好學不倦的好學生。有時聽他說起自己的課業和論文研究，常可感受到他強烈的求知慾，以及面對困難和壓力，越挫越勇的精神。

陳博士著書不倦，這本給水與純水工程的書已是他第六本著作了。在書中，陳博士從他多年來的實務經驗，萃取出實用的理論與設計指引，簡單扼要的呈現出來，供從業者參考。陳博士不藏私，樂於分享與傳承，讓知識廣傳，使其所學能對社會發揮更大的價值，實在是我們教學工作者所深為樂見的。

除了這本書的專業價值之外，我相信陳博士一路走來積極向學的精神、堅持不懈的毅力，以及與人為善的情操，更是值得年輕人學習的榜樣。面對這變化快速的世界、充滿不確定性的未來，社會需要的，便是這種相互扶持、不怕苦不畏難，大步迎向挑戰的朝氣與活力；正如聖經所說的，義人的路好像黎明的光，越照越明，直到日午。

馬鴻文 教授
國立台灣大學　環境工程學研究所所長

梁振儒教授推薦序

　　自來水從水龍頭源源不絕的流出，或家裡裝設淨水設備（例如逆滲透濾水器）取得乾淨的水源，這似乎是在我們生活中視為理所當然的事，然而我們是否認真想過，這樣乾淨的水是如何產生的呢? 這個問題是屬於給水及純水處理的領域範疇，為了深入了解乾淨自來水或純水水源是如何產生，必須在學理、設備、工程及實務經驗上具備專業的知識與技能，此外對於法規上所規範之水質標準亦必須納入處理上之考量，這些工作是一位環境工程師在培養過程中必須具備的專業知識與技能。此書對於飲用水處理上所需了解之理論到實務提供完整資訊，為一般民眾、環工同業或相關產業人士對於給水及純水工程應用上必備之知識來源。

　　本書作者陳之貴董事長為畢業於本系的傑出系友，103年榮獲中興大學工學院傑出校友獎，自陳董事長創立大陸水工股份有限公司至今已三十餘年，他不僅為一位資深的環工技師，並且所累積之工程實務經驗加上陳董事長對環工產業之熱忱及不斷精進追求知識的態度，在百忙之中編撰此書，將知識及經驗無私地與我們分享。本人在此致上崇高敬意，感謝陳董事長為環保產業所付出之貢獻。

梁振儒　特聘教授

國立中興大學　環境工程學系系主任暨研究所所長

林財富教授推薦序

　　自來水建設是國家進步的象徵，也是民生及工業生產重要的基礎。現代化的自來水建設，是許多敬業的產官學各領域人才一起的努力，才能將學理與實務有效的結合應用。本書所提到的理論與設計實務，就是構成現代化自來水系統中的一個重要子題。

　　陳之貴博士成功經營環保工程公司，累積多年工程經驗，為台灣環保貢獻心力。工作之餘，並妥善利用時間進修臺大環工所博士班、成功取得博士學位，其學無止境之心、實為我輩楷模。在學業、事業成功之際，之貴博士更是將自己貢獻給社區，擔任無給職里長，奉獻社會精神，尤其令人感動。

　　抱著回饋社會，之貴博士更將個人在環保領域的經驗，撰寫成《給水與純水工程：理論與實務設計》一書，把多年專業知識無私地分享給工程師同行。本書從學理面介紹常用之給水純水工程基礎理論，搭配的工程常用的設備，以及應用的工程實務案例，並整理相關領域的高考考題及法規，提供有興趣的工程師以及同業做參考，對於有興趣從事自來水工程的人，是一個入門的參考書籍。

　　之貴博士的企業經營、環保知識、求知精神、及無私奉獻的心，是社會進步的原動力，此書的再版，代表之貴博士的努力受到肯定，也是我們學習的對象。

林財富　教授
國立成功大學講座教授
中華民國環境工程學會理事長

作者簡介

姓　　名：陳之貴

學　　歷：國立台灣大學環境工程學研究所　博士

國立中興大學環境工程學研究所　碩士

國立中興大學環境工程學系　學士

相關證照：90年檢覈　環工技師高考　榜首

90年專技　環工技師高考　第五名

行政院公共工程委員會 品管工程師　考試及格

環保署甲級廢水處理技術員　考試及格

經濟部自來水事業技術人員　甲級管理人員

經濟部自來水事業技術人員　甲級化驗人員

經濟部自來水事業技術人員　甲級操作人員

現　　任：大陸水工股份有限公司／董事長

大展國際工程顧問股份有限公司／負責人

晶冠開發股份有限公司／董事

台北市水處理器材商業同業公會／榮譽理事長

台灣區環保專業營造業同業公會／常務監事

臺灣環保暨資源再生設備工業同業公會／監事

台北市進出口同業公會／環保小組副召集人

國立宜蘭大學環境工程學系／副教授

中華民國仲裁協會／仲裁人

國立中興大學環境工程系所友會／理事長

中央社區發展協會／理事長

國立師大附中校友會／理事

台北市士林區翠山里里長

曾　　任：台北市水處理器材商業同業公會／理事長

台北市城市發展協會／理事長

台北市立大直國高中校友會／理事長

台北加州高爾夫球聯誼會／會長

中華民國工商建設研究會16期／會長

中華民國環境工程技師公會全國聯會／常務理事

台灣省環境工程技師公會／常務理事

台北市環境工程技師公會／常務理事

國立台灣大學慶齡中心訓練班／助理教授

東南科技大學營科及防災研究所／助理教授

產基會主辦職訓局環境工程人員訓練班／助理教授

元培科技大學環境工程衛生系／助理教授

台北龍鳳扶輪社／社長

經　　歷：從事環境工程之規劃設計、監造施工實務37年。完成國內外各事業單位之污染防治工程900餘件，如：台北101大樓、台北圓山大飯店、慈濟醫院、南亞、永豐餘、宏國、幸福、東帝士、國泰、中國力霸、長榮、住都局、高速公路局、太魯閣公園管理處、台糖、環保局…等各大事業單位之污水、給水、噪音、垃圾等工程之設計施工。

相關發明專利：1.不阻塞式滴濾塔散水頭

2.活性污泥與生物接觸曝氣法合併系統

3.可調式高分子凝集劑泡製器

4.無臭式馬桶

5.高爾夫球安全帽

6.連續式生物活性碳水處理槽

得　　獎：榮獲中華民國第一屆傑出環保工程公司　金龍獎

榮獲中華民國第一屆傑出工商企業　優良獎

榮獲經濟部工業局　環保設備應用標竿企業獎

榮獲國立中興大學工學院　傑出成就獎

榮獲國立中興大學環境工程系　最佳貢獻系友獎

榮獲國立中興大學環境工程系所友會　傑出校友獎

榮獲國立臺灣大學環境工程學研究所　傑出校友獎

榮獲臺北市立大直國高中校友會　傑出校友獎

專業著作：1.陳之貴，污水與廢水工程—理論與設計實務，2021，三版，五南圖書出版股份有限公司。

2.陳之貴，圓夢—擁抱希望‧實現願望，2016，一版二刷，鼎茂圖書出版股份有限公司。

3.陳之貴，活性污泥／接觸曝氣法合併系統之處理功能研究，2016，初版，金琅學術出版社。

4.陳之貴，給水與純水工程—理論與設計實務，2015，二版，五南圖書出版股份有限公司。

5.陳之貴，環工研究所、技師高考各科總整理，2012，第二版，文笙書局。

6.陳之貴，環工機械設計選用實務，2004，第二版，曉園出版社。

7.陳之貴，環保市場之競爭力分析，2000，初版，曉園出版社。

8.陳之貴、駱尚廉，垃圾滲出水之再生及再利用，2003，第八屆水再生及再利用研討會。

9.陳之貴、駱尚廉，台北101國際金融中心之中水及雨水處理系統，2004，台灣環保產業雙月刊。

10.Chih-Kuei Chen and Shang-Lien Lo, "Treatment of slaughterhouse wastewater using an activated sludge/contact aeration process", Water Science and Technology, 47(12), 285-292(2003).

11.Chih-Kuei Chen, Shang-Lien Lo and Ruei-Shan Lu, "Feasibility study of activated sludge/contact aeration combined system treating slaughterhouse wastewater", Environmental Engineering Science, 22(4), 479-487(2005).

12.Chih-Kuei Chen and Shang-Lien Lo, "Raising and controlling study of dissolved oxygen concentration in closed-type aeration tank", Environmental Technology, 26, 805-810(2005).

13.Chih-Kuei Chen and Shang-Lien Lo, "Treating restaurant wastewater using a combined activated sludge-contact aeration system", Journal of Environmental Biology, 27(2), 167-173(2006).

14.Chih-Kuei Chen, Shang-Lien Lo and Ting-Yu Chen,

"Regeneration and reuse of leachate from a municipal solid waste landfill", Journal of Environmental Biology, 35(6), 1123-1129(2014).

15. Chih-Kuei Chen, Angus Shiue, Den-Wei Huang and Chang-Tang Chang, "Catalytic decomposition of CF4 over iron promoted mesoporous catalysts", Journal of Nanoscience and Nanotechnology, Apr;14(4), 3202-3208(2014).

16. Chih-Kuei Chen, Shang-Lien Lo and Huang-Mu Lo, "Kinetics of Treatment Restaurant Wastewater Using a Combined Activated Sludge/Contact Aeration System", IWA 7th International YWP Conference(2015).

17. Chih-Kuei Chen, Hung-Chih Liang and Shang-Lien Lo, "Feasibility Study of Activated Sludge/Contact Aeration Combined System Treating Oil-Containing Domestic Sewage", Int. J. Environ. Res. Public Health, 17, 544(2020).

18. Chih-Kuei Chen, Jia-Jia Chen, Nhat-Thien Nguyen, Thuy-Trang Le and Chang-Tang Chang, "Specifically designed magnetic biochar from waste wood for arsenic removal", Sustainable Environment Research(2020).

19. Chih-Kuei Chen, Nhat-Thien Nguyen, Thuy-Trang Le, Cong-Chinh Duong and Thi-Thanh Duong, "Specifically Designed Amine Functional Group Doped Sludge Biochar for Inorganic and Organic Arsenic Removal", Sustainable Environment Research(2020).

20. Chih-Kuei Chen, Nhat-Thien Nguyen, Cong-Chinh Duong,

Thuy-Trang Le, Shiao-Shing Chen, and Chang-Tang Chang, "Adsorption Configurations of Iron Complexes on As(III) Adsorption Over Sludge Biochar Surface", Journal of Nanoscience and Nanotechnology, 21, 5174–5180(2021).

21. Chih-Kuei Chen, Guan-Ying Chen, Hung-Chih Liang, Shang-Lien Lo, "Treating Hotel Wastewater Using a Combined Activated Sludge/Contact Aeration Process", Journal of Earth and Environmental Sciences, 5(1), 1-7(2021).

22. Chih-Kuei Chen and Guan-Ying Chen, "Wastewater Treatment Plant of Loung Te Industrial Park the Study for Increasing the Number of Microbes in the Mixed Liquid Suspended Solids (MLSS)", Organic & Medicinal Chem IJ, 10(4), 1-12(2021).

23. Chih-Kuei Chen and Ying-Chu Chen, "Detection of Chlorophyll fluorescence as a Rapid Alert of Eutrophic Water", Water Supply 22(3), 3508-3518(2022).

24. Chih-Kuei Chen, Nhat-Thien Nguyen, Thuy-Trang Le, Cong-Chinh Duong, Cong-Nguyen Nguyen, Duc-Toan Truong, Chun-Hsing Liao, "Novel design of amine and metal hydroxide functional group modified onto sludge biochar for arsenic removal", Water Science & Technology 85(5), 1384-1399(2022).

25. Chih-Kuei Chen, Tzu-Yi Pai, Kae-Long Lin, Sivarasan Ganesan, Vinoth Kumar Ponnusamy, Fang-Chen Lo, Hsun-Ying Chiu, Charles J. Banks, Huang-Mu Lo, "Electricity production from municipal solid waste using microbial fuel

cells with municipal solid waste incinerator bottom ash as electrode plate", Bioresource technology reports, August 29, (Accepted) (2022).

作者序

　　本書將給水、純水工程之內容分成學理篇、設備篇、工程篇、考題篇及法規篇等五大主軸，第一章　學理篇：希望簡潔、清楚的述明各淨水單元之基本理論及高、普考、研究所考試重點；第二章　設備篇：詳列各種淨水設備的設計選用方法與市場規格品的尺寸；第三章　工程篇：以完成驗收之工程實例規範，讓讀者將理論與實務結合；第四章　考題篇：為滿足莘莘學子，使其能很快了解水處理工程與設計科高考考試方向，提供最近22年來的高考考題及詳解，希望大家考試順利；第五章　法規篇：從相關法規的角度來看工程技術，因為一切的設備或工程，基本上要先能符合環保法規，所以環保法規也會影響到工程內容。

　　本書參照了很多學者、專家的研究成果與實務經驗，在此特別致謝，並感謝台大環工所學妹陳玉真幫忙校稿。若尚有遺漏不全的地方，還請大家不吝給予指正。

陳之貴　謹誌

民國112年03月

目　錄

工程篇

第三章　給水、純水處理工程之實場案例 ························· 119

考題篇

第四章　歷屆環工技師高考污水與給水工程考題及解答 ········ 189

法規篇

第五章　給水、飲用水之相關法規 ⋯⋯⋯⋯⋯⋯⋯⋯⋯ *293*

學理篇

chapter **1**

給水、純水工程之學理分析

1-1　給水水質、水量推估

1. 人體有60～65%的水分，一般人飲水量為1～1.5 L/day（含食物時則為2～3 L/day）。

2. 給水工程包括：取水工程、導水工程、淨水工程、配水工程、用水工程。

3. 用水標準順序：
   (1) 家庭及公共給水
   (2) 農業用水
   (3) 水力用水
   (4) 工業用水
   (5) 水運用水
   (6) 其他

4. 用水量單位為1 pcd = L/person-day

5. 增加用水量設計考慮因子
   (1) 計畫目標年
   (2) 計畫目標年之人口
   (3) 計畫目標年之每人每日用水量

6. 影響設計年限因子
   (1) 設備壽命
   (2) 淨水場擴建難易度
   (3) 都市發展
   (4) 資金、利率
   (5) 通貨膨脹
   (6) 初期低負荷情形

7. 比導電度（specific conductivity）：兩根相距1公分之白金電極所測得之電阻。

8. 暫時硬度：碳酸鹽硬度

9. Alky-Benzene Sulfonate (ABS)：
   (1) 清潔劑中的成分
   (2) 為陰離子界面活性劑
   (3) 磺基鹽
   (4) 微生物不易分解

10. 三鹵甲烷（THM）：CH_4中三個氫可用氟、氯、溴、碘中任何一種或複數取代的多鹵體（稱三鹵甲烷），為致癌物。

11. 總三鹵甲烷（TTHM）：為THM中的$CHCl_3$, $CHBrCl_2$, $CHBr_2Cl$, $CHBr_3$四種總稱TTHM，為THM中所占比例較大者。

12. 化學需氧量（COD）：以重鉻酸鉀為氧化劑，氧化分解水中有機物，以所消耗相當氧氣量，表示水中有機物含量。

13. 硫化氫（H_2S）：臭蛋味，厭氧分解產物，可用曝氣法去除之。

14. 細菌檢驗以(1) 20℃，48小時；(2) 37℃，24小時。

15. Coliform group：為大腸菌和大腸桿類似性質者總稱，為格蘭氏陰性、無芽孢，能分解乳糖而生成酸及氣體，具有金屬光澤之深色菌者。

16. 大腸菌為給水指標之原因為
   (1) 人體排泄物中含有
   (2) 較致病菌之生命力強
   (3) 檢驗簡單
   (4) 少量即可檢出

17. $MPN = \dfrac{發酵為正管數 \times 100}{\sqrt{發酵為負之水樣（mL）\times 接種之全部水樣（mL）}}$

18. 霜、雪、雹稱為天然蒸餾水。

19. 水在4℃時密度最大。

20. 比流率（Specific yield）或有效孔隙率（Effective poros-

ity）：地層中之孔隙在飽和狀態時，重力作用排出水量，所占體積之百分比。

21. 傳流係數（coefficient of transmissibility, T）：水力坡降為100%，1公尺飽和水層斷面內每分鐘通過之水量。

22. 透水係數（coefficient of permeability, K）：水力坡降為100%，1公尺水層斷面內每分鐘通過之水量。

23. 蓄水係數（coefficient of storage, S）：單位面積水層方體，垂直增減1單位高度時，所流出、流入之水量。

24. 水頭損失

直管 $h_f = f \dfrac{L}{D} \dfrac{V^2}{2g}$

管件 $h_m = f \dfrac{V^2}{2g}$

出水口之剩餘流速 $h_o = \dfrac{V^2}{2g}$

25. 有效淨吸水高度（available net positive suction head, NPSH, H_{sv}）

$H_{sv} = H_a - H_p + H_s - H_e$

H_a：大氣壓（1 atm = 10.3 m）

H_p：蒸氣壓力（m）

H_s：吸水淨揚程（m），吸水為負，壓入為正

H_e：吸水管內各損失水頭之和

26. 抽水機之特性曲線

27. 抽水機之系統水頭曲線（system head curve）

(1) 一定管徑下，抽水量加大各種水頭損失亦加大

(2) 入水邊最低水位與出水邊最高水位之差為最高淨揚程

28. 抽水機之並聯組合：提升抽水量

兩部抽水機之關閉水頭需相近，否則兩部抽水機同時操作

時，增加抽水量有限，甚至不能增加水量。

29. 抽水機之串聯組合：提升揚程

30. 孔蝕：抽水機之轉速太大或吸水高度太高，致機內最低壓力低於同溫下之飽和蒸汽壓，則水蒸氣產生氣泡，氣泡流入壓力較高處，會破裂而產生噪音及震動，長期會侵蝕泵浦葉片。

31. 流速計算

非滿流時，使用曼寧公式（manning formula）

$$V = \frac{1}{n} R^{\frac{2}{3}} S^{\frac{1}{2}} \ ; \ n = 0.013$$

滿流時，使用Hazen-Willians

$$V = 0.35464 C D^{0.63} S^{0.54} \ ; \ C = 100$$

32. 不平衡井公式（才有洩降）

$$d_{洩降} = \frac{Q}{4\pi T} \ln \left(\frac{2.25Tt}{r^2 S} \right)$$

$$d_2 - d_1 = \frac{Q}{4\pi T} \ln \frac{t_2}{t_1} = \frac{Q}{5.464T} \log \frac{t_2}{t_1}$$

可由 $(d_1, \ t_1)$, (d_2, t_2) 一組已知數據求得 T，再由 T 代入，

$$d_{洩降} = \frac{Q}{4\pi T} \ln \left(\frac{2.25Tt}{r^2 S} \right)$$ 用一組已知的 $(d_1, \ t_1)$ 求得 S。

導 S 公式：在水位沒有洩降（$d_{洩降} = 0$）時，當 $t = t_0$，

$$\frac{2.25Tt_0}{r^2 S} = 1 \rightarrow S = \frac{2.25Tt}{r^2}$$

33. 平衡井公式

(1) 自由含水層

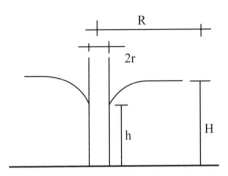

$$Q = \frac{\pi k (H^2 - h^2)}{\ln(\frac{R}{r})}$$

k：透水係數

(2) 受壓含水層

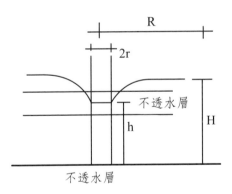

$$Q = \frac{2\pi k m (H - h)}{\ln(\frac{R}{r})}$$

m：含水層厚度（公尺）

34. 水錘作用的損害

   (1) 破壞抽水機、管線、制水閥。

   (2) 因為管內壓力下降，管路可能被大氣壓壓壞。

(3) 管內負壓，低於水蒸氣壓時，會產生氣泡，當水加滿時氣泡產生高壓，破壞水管。

(4) 會引起抽水機逆轉，造成事故。

35. 水錘作用的防範

(1) 加裝飛輪利用其慣性，可避免水量急遽變化。

(2) 抽水機出口設調壓水槽，若壓力下降時，調壓水槽可補給水，防止負壓發生。

(3) 抽水機出口設調空氣閥。

(4) 使用單向調壓槽。

(5) 降低水管內流速。

(6) 變更管路狀況，使抽水在附近管線向上提高。

36. 減低水壓方式

(1) 使用逆流閥。

(2) 使用緩閉式逆流閥。

(3) 有繞流管之逆流閥。

(4) 水閥用水壓或油壓可使水逆流。

(5) 設放流閥、調壓閥。

37. 高架水塔與配水塔同，設計容量為最大日用水量之1～3小時。

38. 配水系統

(1) 樹枝狀。

(2) 棋盤狀。

(3) 有環狀幹管的棋盤狀。

39. 管網水量修正值

$$q = -\frac{\sum H}{n \sum \dfrac{H}{Q}}$$

$n = 1.85$；H：整條管之損失水頭；q：修正的水量；Q：為

假設值，順時鐘方向為正、逆時鐘方向為負。

40. 管網水頭修正值

$$h_0 = -\frac{n\sum Q}{\sum \dfrac{Q}{H}}$$

$n = 1.85$

H：假設值，水流向匯合點為正、水流離開匯合點為負。

41. 淨水過程損失水量：慢濾法為0.4%；快濾法為4%。

42. 錯接（又稱混接，cross connection）

原因

(1) 給水管水壓降低（用水設備與自用井系統連接）

   (a) 用水量變化時、水壓降低。

   (b) 開救火栓時、水壓降低。

   (c) 配水管破壞時、水壓降低。

   (d) 修理配水管時、水壓降低。

   (e) 地盤高差很大時，高區易發生水壓降低。

   (f) 配水管直接連結加壓抽水機，吸水邊壓力變低。

(2) 真空現象

   (a) 配水管水壓降至大氣壓下。

   (b) 水栓大量放水。

   (c) 給水管孔徑小，同時開放數個水栓。

避免錯接之方法

(1) 避免上述原因，減少因壓力減低造成倒虹吸現象。

(2) 給水採用跌落式，進水管出口應在管徑以上，當管徑小於 50 mm，高度不得小於50 mm。

43. 降雨量公式：$Q = \dfrac{1}{360}CIA$

Q：m^3/sec；C：0.5；I：mm/hr；A：ha = 10000 m^2

44. 集水暗渠

單邊進水 $Q = \dfrac{kL(H^2 - h^2)}{2R}$

雙邊進水 $Q = \dfrac{kL(H^2 - h^2)}{R}$

45. 抽水機

公制　　理論馬力 $= \dfrac{HQ\gamma}{750}$

H：揚程（公尺）；Q：水量（m^3/sec）；γ：比重量（9800 N/m^3）

英制　　理論馬力 $= \dfrac{HQ\gamma}{550}$

H：揚程（ft）；Q：水量（fet^3/sec）；γ：比重量（62.4 lb/ft^3）

軸馬力$= \dfrac{\text{理論馬力}}{\text{抽水機效率}\eta\,(80\%)}$

實際所需要馬力數$= \dfrac{(\text{軸馬力})(1+\alpha)}{\eta_{\text{t}}}$

α：安全係數(0.1)；η_{t}：傳動效率（95%）

抽水機型式，即求N$_s$（比速）

$N_s = N\dfrac{Q^{\frac{1}{2}}}{H^{\frac{3}{4}}}$

N：抽水機實際轉速（1200～1800 rpm）；Q：m^3/min；H：揚程（m）

流量比　　$\dfrac{Q_1}{Q_2} = \dfrac{N_1}{N_2} = \dfrac{D_1}{D_2}$

揚程比 　　$\dfrac{H_1}{H_2} = \left(\dfrac{N_1}{N_2}\right)^2 = \left(\dfrac{D_1}{D_2}\right)^2$

動力比 　　$\dfrac{P_1}{P_2} = \left(\dfrac{N_1}{N_2}\right)^3 = \left(\dfrac{D_1}{D_2}\right)^3$

P：抽水機使用動力；N：抽水機轉速；D：抽水機驅輪直徑

46. 台灣省自來水水質標準（飲用水）

鐵：0.3 mg/L

錳：0.05 mg/L

銅：1 mg/L

鋅：5 mg/L

酚：0.001 mg/L

氟鹽：0.8 mg/L

硝酸鹽：10 mg/L

汞：0.002 mg/L

鎘：0.005 mg/L

47. 硬度

單位：mg/L as $CaCO_3$

(1) 總硬度 = Ca硬度 + Mg硬度

(2) Ca硬度要用蘇打灰去除

(3) Mg硬度要用石灰及蘇打灰去除，即兩種用量都要計算

(4) 蘇打灰用量 = Ca^{+2} + Mg^{+2} − HCO_3^-

(5) 蘇打灰用在排除非碳酸鹽硬度

(6) 總鹼度 = 碳酸鹽硬度

(7) 總硬度 − 碳酸鹽硬度 = 非碳酸鹽硬度

1-2 混凝處理

1. 混凝：打破膠體的穩定，降低粒子間的斥力

   機制

   (1) 壓縮電雙層
   (2) 吸附及電性中和
   (3) 吸附及架橋作用
   (4) 沉澱伴除作用

   混凝劑

   (1) 硫酸鋁：$Al_2(SO_4)_3 18H_2O$
   (2) 多元氯化鋁：PAC
   (3) 硫酸鐵：$Fe_2(SO_4)_3$；用於低pH時去除有機膠體
   (4) 硫酸亞鐵：$FeSO_4 7H_2O$；用於低pH時去除有機膠體
   (5) 氯化鐵：$FeCl_3 6H_2O$；用於低pH時去除有機膠體

   助凝劑

   (1) 氧化劑：如去除色度，加ClO_2、O_3、K_2MnO_4應加在混凝前
   (2) 增重劑：白陶土、黏土
   (3) 活性矽酸：矽酸鈉（水玻璃）
   (4) 聚合電解質：高分子的有機凝集劑
       (a) 天然：澱粉、洋菜
       (b) 合成：陰離子性、陽離子性、非離子性

   膠體帶電原因

   (1) 酸鹼作用
   (2) 離子取代
   (3) 膠體結晶不完全，構造不完整

(4) 離子吸附

設計參數

	快混	慢混
時間	1 ~ 5 min	10 ~ 30 min
轉速	80 ~ 100 rpm	25 rpm
G	500 1/sec	50 1/sec

$$G = \sqrt{\frac{P}{V\mu}}$$

G：速度坡降（velocity gradient）：1/sec

　　快混之G為500 1/sec；T為300 sec

　　慢混之G為50 1/sec；T為600 sec

　　C為單位體積之懸浮物、膠羽所占的比例

　　$GTC = 100$最適合

P：動力，W，$P = \dfrac{C_D A \rho v^3}{2}$或$P = Q\rho g h$

　　ρ：1000 kg/m^3

　　μ：0.001 kg/m-sec

　　V：池子體積

　　v：槳板與流體相對速度

　　C_D：1.5，拖曳係數

　　Q：m^3/sec

2. 混凝理論

　　反離子分散層：粒子表面之離子所帶電荷相反的第二層離
　　　　　　　　　　子。

　　固定層：粒子表面吸附著一層水。

電雙層：反離子分散層和固定層。

界達電位：剪力面的電位；當界達電位為零時，混凝效果
最好。當週圍離子強度大時，反離子擴散層會被
壓縮，因此提高週圍離子強度，會使界達電位降
低，減少膠體間的排斥力。

膠質分散狀態：不穩定。

膠質凝聚狀態：穩定。

疏水性膠質藉由電雙層的互斥而穩定。

膠質不穩定（混凝）：靠布朗運動及凡得瓦爾力。

膠體穩定：

(1) 尺寸大小

(2) 表面特性

(3) 帶有電荷

(4) 吸附作用

3. 水廠混凝用藥量污泥量

(1) $Al_2(SO_4)_3 + 18H_2O + 3Ca(OH)_2 \rightarrow 2Al_2(OH)_3 + 3CaSO_4 + 18H_2O$

(2) 每度濁度產生1 mg/L污泥

(3) 每度色度產生2 mg/L污泥

(4) 總污泥量還包含原水中S.S.的量

(5) 污泥是$Al_2(OH)_3$

(6) 混凝劑是$Al_2(SO_4)_3 + 18H_2O$，分子量666

(7) 添加石灰指$Ca(OH)_2$，可增加鹼度，保持水中pH

(8) 寫出方程式，以高中化學，可解各項濃度，再乘水量，即
可得加藥量或污泥量。

(9) 加H_2SO_4，可從污泥$Al_2(OH)_3$中回收$Al_2(SO_4)_3$

$Al_2(OH)_3 + 3H_2SO_4 \rightarrow Al_2(SO_4)_3 + 6H_2O$

(10) 自氫碳酸鹽放出CO_2量可依下方程式求得

$Al_2(SO_4)_3 + 18H_2O + 3Ca(HCO_3)_2 \rightarrow 2Al_2(OH)_3 + 3CaSO_4$

$+ 6CO_2 + 18H_2O$

(11)自碳酸鹽放出之CO_2，可以下式求得

$Al_2(SO_4)_3 + 18H_2O + 3Na_2CO_3 + 3H_2O \rightarrow 2Al_2(OH)_3 + 3NaSO_4 + 3CO_2 + 18H_2O$

(12)$Al_2(SO_4)_3 + 18H_2O$，中的$18H_2O$都未參與反應，最後產物還是$18H_2O$，但加藥量的算法，分子量要算$18H_2O$

(13)Al分子量：27

1-3 沉澱處理

1. 淨水沉澱池設計參數

   溢流率（表面負荷）：20 ~ 40 $m^3/m^2\text{-day}$

   堰負荷：400 $m^3/\text{m-day}$

   有效水深：3公尺

   圓型直徑：30公尺

   矩形長邊：30公尺；長：寬 = 3：1

   停留時間：2小時；半徑為池深2倍

   平均流速：30 cm/min

   水位至池頂：30公分

2. 沉澱效率：$E = \dfrac{V_0}{Q/A}$

   V_0：沉澱速度；Q/A：表面負荷率、溢流率

3. 顆粒沉澱速度：$V_s = \dfrac{g}{18}(S_s - 1)\dfrac{d^2}{v} = \dfrac{g}{18}(\rho_s - \rho_w)\dfrac{d^2}{\mu}$

   $\mu = \rho v \rightarrow$ 絕對（靜）黏滯係數 = $\rho \times$（動）黏滯係數

4. 雷諾數：$R_e = \dfrac{V_s L \rho}{\mu}$；$V_s$：顆粒與液體之間相對速度

顆粒沉降力：$F = (\rho_s - \rho)gV$；V：顆粒體積

顆粒在液體中的牽引力：$F_D = \dfrac{C_D A_l \rho V_s^2}{2}$

C_D：牛頓牽引係數；$C_D = \dfrac{24}{R_e}$

A_l：顆粒投影面積；$A_l = \dfrac{\pi d^2}{4}$

V_s：沉降速度

5. 雷諾數：$R_e = \dfrac{V_H R}{v} = \dfrac{Q}{B + 2H} \dfrac{1}{v}$

　　V_H：水平流速

　　R：水力半徑

　　v：水的黏滯係數

　　B：池寬

　　H：池深

6. 福祿數（Froude number）：$F_r = \dfrac{V_H^2}{gR} = \dfrac{S_0^2}{g} \dfrac{L^2(B + 2H)}{BH^3}$

7. 福祿數較大（$> 10^5$）時，較不易發生短流或不穩定現象
　　雷諾數較小（< 2000）時，沉澱效率較高，可避免亂流
　　而高福祿數、低雷諾數的矛盾，僅能以減少水力半徑（R）
　　來消除

8. 有效粒徑：經美國標準篩分析後，留在篩上的濾砂重，各
　　　　　　粒徑的累積重量百分比，有效粒徑為D_{10}之粒徑
　　　　　　（10%）。

9. 均勻係數：$\dfrac{D_{60}}{D_{10}}$

10. 沉澱型式及沉澱池
　　(1) 四種沉澱型式

(a) 單顆粒沉降

(b) 混凝沉降

(c) 層沉降

(d) 壓密沉降

(2) rack：由平行棒組成的柵欄

Coarse screen：用鐵絲網編織成開口大於等於1/4英吋之柵欄。

Fine screen：用鐵絲網編織成開口小於1/4英吋之柵欄。

(3) Flux（流通量；mass/area-time）：單位時間、單位面積通過的固體量。

Limiting Flux：超過此值，整個沉澱池將充滿固體，固體將溢出沉澱池頂部。

(4) clarification：澄清區，上澄液可排出。

Thickening：濃縮區，污泥可排出。

(5) Total flux = Bulk Flux + Sulisidence Flux

Bulk Flux：沉澱槽底泥排出，所引起整體濃度向下一的通量。

Sulisidence Flux：分批沉澱槽，固體物的濃度與相關沉降速度之乘積。

1-4　過濾處理

1. 慢濾之機構，其淨化作用可以四種現象解釋：

(1) 機械濾除：最初濾除雜質、均較砂層孔隙大的、生成濾膜才發生阻留。

(2) 沉澱吸附：砂層中有無數小沉澱池，雜質與沙粒各帶不同電荷，而相互吸附。

(3) 生物作用：有機物與微生物生長成濾膜。

(4) 氧化作用：浮游生物光合作用，產生氧氣，氧化鐵、錳。

2. 濾池數：$N = 2.7\sqrt{Q}$；$Q：MGD$。

3. 活性碳濾率為78~392 m^3/m^3-day（體積速度），或238~595 m^3/m^2-day（線速度），均可設為300。

4. 快濾池可能產生問題及解決方法

(1) 空氣閉塞：氣泡阻塞，使濾速降低。

防止方法

(a) 避免負水頭，使溶解氣體游離。

(b) 避免水中溶解氣體達到飽和。

(c) 去除藻類，以防其產生二氧化碳。

(d) 防止過濾池水溫上升。

(2) 泥球：泥球係膠羽、細砂等結成球型，比重較砂小者在砂上面，比重較砂大者在砂層中，泥球產生原因是砂層發生裂隙，以致膠羽穿入砂層，當反沖洗時，水將膠泥壓成泥球。

防止方法

(a) 洗砂膨脹率提高至150%。

(b) 控制進入水質，提高混凝池效率。

補救方法

(a) 濾器撈出。

(b) 搗碎泥球。

(c) 表面洗砂或高壓噴水洗砂。

(d) 刮砂、洗滌後再鋪回。

(3) 砂垢：砂垢為附著於砂粒表面的膠質或碳酸鈣，砂粒因為砂垢，比重減少，易流失，並易形成裂隙或阻塞。

防止方法：防止含石灰之水過濾。

補救方法：以氯或苛性鈉洗砂。

(4) 噴流和濾砂翻騰：砂或濾石中孔隙率或滲透係數不均勻時，反沖洗水必流向阻力最小之通路，形成噴流。

防止方法

(a) 防止泥球產生。

(b) 使砂、濾石孔隙率均勻。

(5) 漏砂：濾石層受擾動，濾砂漏入集水系統。

防止方法

(a) 捕砂器可測得。

(b) 重新安置濾料。

5. 過濾池設計參數及特性

	慢濾池	快濾池
濾速	4～10 m/day	100～200 m/day
濾砂	有效粒徑0.3，均勻係數2.5	有效粒徑0.45，均勻係數1.5
濾程	30天	24小時
懸浮物穿入砂層	淺	深
清洗方法	刮除表面砂，清洗砂，自行式洗砂機，洗砂表層	反沖洗配合機械、空氣攪拌
洗砂水量	0.4%過濾水量	4%過濾水量
過濾水預先處理	先曝氣，亦可混凝沉澱	混凝沉澱
建造費	高	低
操作費	低	高
折舊	低	高

1-5 消毒處理

1. 消毒必須能破壞(1)細菌、(2)過濾性病毒、(3)阿米巴囊蟲，且必須具備下列性質
   (1) 短時間及一般溫度，處理水成分、濃度、條件變化時亦可殺菌。
   (2) 對人類及家畜沒有毒性，規定濃度下，不會有可厭、不適飲之臭味。
   (3) 成本低，儲存、運送、操作、加藥等簡單、安全。
   (4) 濃度容易測定。
   (5) 有適當餘量，可以防止水再污染。
2. 消毒種類
   (1) 加熱
   (2) 紫外線
   (3) 化學藥品：鹵素、金屬離子（Cu）
   (4) 酸、鹼
   (5) 表面活性劑：陽性較強
3. 消毒速率影響因子
   (1) 接觸時間
   (2) 消毒劑濃度
   (3) 微生物數目
   (4) 水溫高低
4. 渾水加氯法：水在過濾前加氯處理，優點如下
   (1) 改善混凝作用
   (2) 減少沉澱池中有機物分解
   (3) 可控制藻類與其他微生物
   (4) 氧化破壞臭味、色度

(5) 因為可以控制藻類與其他微生物，故可增加濾程

5. 臭氧消毒之優缺點

優點

(1) 不會殘留
(2) 任何地方都可利用空氣製造
(3) 水中短時間放出臭氧，處理水不會發生臭味，超量無妨
(4) 殺菌力強
(5) 對水中色度、臭味去除效果佳
(6) 對於pH、濃度範圍大

缺點

(1) 成本高
(2) 沒有殘留效果
(3) 溫度、濕度高時，臭氧產生率不佳
(4) 臭氧加入量控制加入困難

1-6 吸附處理

1. 降低溶質的表面張力，將使易於吸附
2. 溶質越是厭水性，越易被吸附；溶質越是親水性，越不易被吸附
3. 物理吸附藉由凡得瓦爾力；化學吸附藉由鍵結力；離子吸附藉由靜電力
4. Langmuir等溫吸附方程式：單層吸附（均質系統，所有吸附的位置，對被吸附分子，有相同的親和力）

$$\frac{x}{m} = \frac{abC}{1+aC}$$

x：被吸附物質的量（mg）

m：吸附劑的量（mg）

C：吸附後溶質剩餘濃度

a, b：常數

5. BET等溫吸附方程式：多層吸附，被吸附物的縮合能，控制其他各層的吸附。

$$\frac{x}{m} = \frac{AX_m}{(Cs-C)\left[1-(A-1)\dfrac{C}{Cs}\right]}$$

A：常數

Cs：溶質飽和濃度

X_m：形成完全單層時之溶質量比，mg/g

6. Frundlish等溫吸附方程式：非均質系統，吸附劑表面有不同的吸附位置。

$$\frac{x}{m} = KC^{\frac{1}{n}}$$

K, n：常數

7. 吸附三步驟：薄膜擴散、孔隙擴散（速率限制因子）、吸附

8. 吸附Lundelius規則：溶解度高、吸附量低

   吸附Traube規則：

   　鍵長、吸附量低；

   　分子量大、吸附量高（但分子大於孔隙則吸附量低）

9. 影響吸附因素

   (1) 表面積

   (2) 被吸附物質特性

   (3) pH

   (4) 溫度

   (5) 混合溶質的吸附

1-7 硬水軟化處理

1. 目的
   (1) 節省肥皂與洗滌劑消耗
   (2) 減少洗滌工作之損耗
   (3) 防止鍋爐與加熱器形成水垢
   (4) 改善洗澡用水水質
   (5) 滿足水之可口要求

2. 石灰法
   $$CaO + H_2O \rightarrow Ca(OH)_2$$
   $$Ca(OH)_2 + Ca(HCO_3)_2 \rightarrow 2CaCO_3\downarrow + 2H_2O$$
   $$Ca(OH)_2 + Mg(HCO_3)_2 \rightarrow CaCO_3\downarrow + MgCO_3\downarrow + 2H_2O$$超量石灰加藥法
   $$MgCO_3 + Ca(OH)_2 \rightarrow CaCO_3\downarrow + Mg(OH)_2\downarrow$$超量石灰加藥法
   超量石灰加藥法：去除Mg硬度

3. 石灰蘇打灰法（去除非碳酸鹽硬度）
   $$CaSO_4 + NaCO_3 \rightarrow CaCO_3\downarrow + Na_2SO_4$$
   $$CaCl_2 + NaCO_3 \rightarrow CaCO_3\downarrow + 2Na_2Cl_4$$
   $$MgCl_2 + Ca(OH)_2 \rightarrow Mg(OH)_2\downarrow + CaCl_2$$
   $$MgSO_4 + Ca(OH)_2 \rightarrow Mg(OH)_2\downarrow + CaSO_4$$

4. 再碳化作用（Recarbonation）：去除軟化過程中所加入之過量石灰，要加入CO_2，使成為$CaCO_3$沉澱謂之。
   $$Ca(OH)_2 + CO_2 \rightarrow CaCO_3 + H_2O$$

5. 石灰蘇打灰軟化法之優缺點

   優點
   (1) 水中總礦物質可以減少。
   (2) 因為pH增加，可以減少管路腐蝕。

(3) 可去除鐵、錳、色度、SS。

(4) 處理水pH高，有殺菌效果。

缺點

(1) 產生大量污泥。

(2) 需要操作技術熟練人員。

(3) 需要再調整pH或再碳化，否則會有碳酸鈣結垢。

(4) 剩餘硬度較高，若硬度在200 mg/L以下則不適合本方法。

6. 鈉離子交換法之優缺點

優點

(1) 不會產生污泥。

(2) 軟化槽占地小，操作簡單。

(3) 可將硬度去除到零。

(4) 處理水與原水混合，可調整適當硬度。

缺點

(1) 不可減少溶解固體量。

(2) 鐵會形成鐵離子附著於樹脂表面，使樹脂失效。

(3) 當有機物、細菌、無機物覆蓋，使樹脂失效。

1-8 其他高級處理單元

1. 曝氣法之功能

   (1) 氧化鐵錳

   (2) 去除水中二氧化碳

   (3) 去除硫化氫

(4) 去除有機物分解產生之臭味

(5) 去除CH_4、NH_3

2. 氮之去除

(1) 生物法：

  硝化作用（好氧）：$NH_4^+ \rightarrow NO_2^- \rightarrow NO_3^-$

  脫硝作用（兼性異營菌）：$NO_3^- \rightarrow NO_2^- \rightarrow N_2$

(2) 氨之氣提法

(3) 折點加氯法

(4) 離子交換法

(5) 生物膜處理

3. 磷之去除

(1) 生物法：利用磷蓄積菌（兼氣菌），在厭氧狀態下釋放磷，在好氧狀態下蓄積磷，最後借排泥把磷和微生物一起排掉。

(2) 石灰凝聚法

(3) 鐵鹽、鋁鹽凝聚法

4. 海水入侵

避免海水入侵

(1) 減少抽地下水

(2) 抽水區移離海岸遠處

(3) 人工補注

(4) 建築工地、地下水屏障

計算

  假設條件

  (1) 地下水面靜水壓力為大氣壓

  (2) 含水層為均質且等向性

  (3) 地下水位在海平面上

$$h_f \cdot \gamma_f = h_s \cdot \gamma_s$$

$$h_f \cdot \gamma_f - h_s \cdot \gamma_f = h_s \cdot \gamma_s - h_s \cdot \gamma_f \rightarrow (h_f - h_s) \cdot \gamma_f - h_s \cdot (\gamma_s - \gamma_f)$$

$$h_s = \frac{\gamma_f}{\gamma_s - \gamma_f}\left(h_f - h_s\right) = \frac{1}{1.025 - 1}\left(h_f - h_s\right) = 40\left(h_f - h_s\right)$$

註：

h_f：淡水之深度

h_s：海平面之淡水深度

γ_f：淡水比重 $= 1$

γ_s：海水比重 $= 1.025$

5. 暴雨形成高濁度淨水廠原水，改善技術為：

(1) 減少膠凝時間T（可增加流量或降低膠凝池體積）

因為GTC最佳值為100，C為膠羽占水中容積百分比，高濁度時C大，GT要小

(2) 降低膠羽機轉速

$$C變大則G變小，又 G = \sqrt{\frac{P}{\mu V}} = \sqrt{\frac{\frac{1}{2}C_D \rho A v^3}{\mu V}}$$

所以降低v則P就會降低

(3) 快混、慢混前加設沉砂池及初沉池。

1-9 給水處理工程之理論與實務

1. 從地表水處理至自來水標準

　　大部分的淨水場水源都是地表水，如：供大部分台北市民自來水的直潭淨水場，水源來自翡翠水庫及供台北市士林區大部分市民自來水的雙溪淨水場，水源來自外雙溪。淨水場之功能主

要是要去除水中的濁度，即溶解性的有機物及懸浮固體，所以處理過程要加混凝劑多元氯化鋁（PAC）或硫酸鋁（Alum），使水中雜質形成微小顆粒，再加微量高分子凝集劑（Polymer），把小顆粒凝集成較大，較易沉澱的大顆粒（水質好時可不加Polymer），再經沉澱及砂過濾，把濁度去除。由於混凝劑都是偏酸的化學物質，必須於加藥過程加點鹼，調高pH值，使pH維持在7至7.5之間。為使沉澱池或砂濾池裡不會長青苔等微生物而形成致癌物THM，一般會有前加氯系統，即在混凝過程加微量的氯，砂過濾後再補充加一些氯，使進入供水系統之自來水含氯量保持在0.3 mg/L左右，此殘留的餘氯可確保供水系統再受到輕微污染時，尚存一定的殺菌力。全場之處理流程如下：

原水→快混池→慢混池→沉澱池→砂濾池→加氯池→自來水

出水水質：全鐵份：< 0.2 mg/L，Fe＋Mn < 0.3 mg/L as Fe

濁度：< 2 NTU

2. 從地下水處理至自來水標準

小部分的淨水場水源來自地下水，如：地下水水源充沛的宜蘭地區及雲林地區的淨水場或大部分工廠的工業製程用水。淨水場之功能主要是要去除水中的重金屬，如：鐵（Fe）、錳（Mn），所以處理過程要以曝氣塔，先將溶於水中的Fe^{++}、Mn^{++}氧化成Fe^{+++}、Mn^{++++}，再加NaOH，使Fe^{+++}形成$Fe(OH)_{3(S)}$沉澱，Mn^{++++}形成$Mn(OH)_{4(S)}$沉澱，再經排泥，把鐵、錳去除。加藥過程中，亦可設前加氯系統，在混凝過程即加入微量的氯，除可使沉澱池或砂濾池裡不會長青苔等微生物而形成致癌物THM外，亦可應用強氧化劑NaOCl的特性，加強Fe^{++}、Mn^{++}氧化成Fe^{+++}、Mn^{++++}，使鐵、錳去除得更完全，砂濾後亦需再加一些氯，使殘餘氯在0.3 mg/L左右，以防供水系統再受到病菌污染，一般地下水的濁度很低，僅需加少量的PAC、Polymer。全場之處理流程如下：

　　原水→氣曝塔→急速凝集沉澱槽→中間水池→砂濾槽→用水

　　出水水質：全鐵份：< 0.2 mg/L

　　　　　　　Fe + Mn：< 0.3 mg/L

　　　　　　　濁度：< 2NTU

1-10　軟水處理工程之理論與實務

　　軟水處理工程就是要去除水中的Ca^{++}、Mg^{++}等兩價的重金屬離子，市場上都是用鈉型離子交換樹脂之軟化槽，可很迅速有效的將水中的Ca^{++}、Mg^{++}去除，其優點為不產污泥、占地小、硬度可去除到零等，是學理上石灰軟化法等化學處理方法所無法比的。

　　由於離子交換樹脂會被水中的有機物或Fe^{+++}離子包覆而降低離子交換能力，所以離子交換樹脂槽前一定會設活性碳槽，將水中的有機物先吸附掉，以保護樹脂的交換能力，而為了延長活性碳槽中活性碳的使用壽命，一般前面會視水質狀況增設砂濾槽，將水中的SS先行去除。一般之軟化處理流程如下：

　　原水→活性碳槽→軟化槽→軟水

　　出水水質：總硬度TH < 10 mg/L as $CaCO_3$

1-11　純水處理工程之理論與實務

　　製造純水的方法有三種，第一種：RO系統、第二種：二床三塔之離子交換系統、第三種：混床式離交換系統，各有優缺點，分別詳述如下：

1. RO系統

使用逆滲透膜，以高壓水強迫H_2O水分子通過濾膜，讓殘餘一半左右無法通過濾膜的濃縮水另外排放，回收比依原水水質狀況而異。RO膜會有生物性結垢或金屬離子等物理性之結垢，需定時以檸檬酸清洗，膜壽命約3年，需定時更換。雖有以上缺點，但其操作方便、占地又小，廣為被使用。其流程如下：

原水→活性碳槽→RO→純水

出水水質：10×10^4 OHM-CM (at 25℃) —— 導電度

（即0.1 Meg-Ω-CM） —— 比抵抗

2. 二床三塔之離子交換系統

以單獨的陽離子交換樹塔、脫氣塔及陰離子交換脂塔，將水中的陰、陽離子及CO_2去除，脫氣塔內部填充1.5 M高接觸型膠材，目的在增加氣體與液體接觸面積，使氣、液完全充分接觸，以確保對CO_2之去除，一般能將CO_2除至5～10 ppm。陰陽離子樹脂單獨各別在一個塔內，可單獨以NaOH、HCl分別再生，可較完整的再生，較省藥劑費用，在大型採水系統大量被採用，因其各塔獨立再生，好操作且省藥劑，惟出水水質較混床塔差，其流程如下：

砂過濾槽→活性碳槽→陽離子交換樹脂→脫氣塔→

→中間水池→陰離子交換樹脂→純水

出水水質：10×10^4 OHM-CM (at 25℃)

（即0.1 Meg-Ω-CM）

3. 混床式離交換系統

混床式即陰、陽離子交換樹脂同在一個槽體內，且在採水前，陰、陽離子交換樹脂槽需先排水，使水位保持在樹脂上15

CM，再用空氣充分混合，以達高效率使用，但要再生前，需靠反沖洗水之衝力將陰、陽離子樹脂充分分離，陰離子樹脂比重輕，當逆洗時，完全被分離至樹脂床上方與下部之陽離子樹脂分離。再分別以NaOH及HCl藥劑再生陰、陽離子樹脂，其再生及採水過程較複雜，但其出水水質較RO或二床三塔系統高很多，也大大受產業界愛用。其流程如下：

原水→活性碳槽→混床式純水塔→純水

出水水質：比抵抗1 Meg-Ω-CM (as 25℃)

1-12　超純水處理工程之理論與實務

超純水是比純水的純度過高10倍以上的水，可說是兩組純水處理系統串聯的成果，且必須有紫外線（UV）之殺菌系統及可過濾細菌屍體的精密過濾器，整個超純水處理系統還必須是密閉式，即供水系統使用剩下的殘留超純水必須流回處理系統的前端，再經一次處理。常用的系統組合如下：

1. RO + 混床塔 + 殺菌與精密過濾

自來水先經過砂濾及活性碳過濾移除水中懸浮固體物、有機物質及殘餘氯等，再經RO及混床塔精製，提高純水比抵抗純度值，超純水再經粗濾、紫外線殺菌燈、細濾後，達到無菌的超純水。其流程如下：

原水→砂濾→活性碳槽→RO→混床塔→粗濾→→紫外線殺菌燈→細濾→超純水

出水水質：比抵抗10 Meg-Ω-CM (as 25℃)

2. 混床塔 + 混床塔 + 殺菌與精密過濾

本系統串聯兩組混床塔，後面那組混床塔稱混床精製塔，由於後段水中總離子量已大幅減少了，所以後段的混床精製塔樹脂量約只要是前段混床塔的1/4即可。其流程如下：

自來水→活性碳槽→混床塔→中間水槽→混床精製塔→

→預濾器→紫外線殺菌燈→精密過濾器→超純水

出水水質：比抵抗10 Meg-Ω-CM (as 25℃)

3. 二床三塔 + 混床塔 + 殺菌與精密過濾

此系統一般在處理大水量使用，以用藥量較經濟且好操作的二床三塔系統把水中大部分的陰、陽離子先去除，再用設備較簡單的混床塔當精製塔，最後再殺菌過濾。其流程如下：

自來水→活性碳槽→陽離子交換樹脂塔→脫氣塔→

→中間水槽→陰離子交換樹脂塔→純水貯槽→混床塔→

→紫外線殺菌燈→精密過濾器→超純水

出水水質：比抵抗 > 10 Meg-Ω-CM (as 25℃)

1-13 陰陽離子交換樹脂法生產純水之相關計算

一、槽體尺寸設計

1. 槽體截面積設計

（一般20～30最好）

一般SV採10～40

LV亦採10～40

RO系統之後採SV50

SV：流量/樹脂量→$m^3/hr/m^3 = hr^{-1}$

LV：流量/截面積 = m/h

2. 槽體高度：軟化槽與陰、陽離子交換樹脂槽高度為1830 mm，混床塔高度為2400 mm。

二、水處理再生藥劑量計算方式

再生：100% HCl vs 100 g/l Resin

100% NaOH vs 100 g/l Reson

三、軟化設備 (DOWEX HCR-S) H_2SO_4易腐蝕，所以用HCl較好

$$離子樹脂量 = \frac{Q \times 總硬度 \times 1.1}{50} \qquad 45℃再生去除SiO_2最好$$

Q = 處理水量/CYCLE

1.1 = 安全係數（水質之變化）

50 = 陽離子樹脂交換容量（50 g-CaCO$_3$/l-Resin）

四、脫鹼軟化：(DOWEX HCR-S)

$$H塔\% = \frac{(M-A) - 要求之M-A}{(M-A) + (Cl^- + SO_4^-) \times 0.9} = X\%$$

$$Na塔\% = 1 - X\% = Y\%$$

$$H塔\% \; Resin = \frac{[(M-A) + Cl^- + SO_4^-] \times Q \times X\% \times 1.1}{58(g - CaCO_3/l - Resin)}$$

$$Na塔 \, Resin = \frac{(T-H) \times Q \times Y\% \times 1.1}{50(g - CaCO_3/l - Resin)}$$

五、混床式純水

陽離子樹脂量 $= \dfrac{Q \times T.C \times 1.1 \times 1.1}{58} =$ X liter Resin

總陽離子樹脂量 = X liter × 1.4 (DOWEX HCR-S) = Y liter

陰離子樹脂量 = Y liter × 1.5 (or 2.0) = Z liter (DOWEX SAR) or
(DOWEX SBR-P)

T.C→總陽離子數

六、二床二塔式純水

陽離子樹脂數量 $= \dfrac{Q \times T.C \times 1.1 \times 1.1}{58}$ （DOWEX HCR-S）

陰離子樹脂數量 $= \dfrac{Q \times T.A \times 1.1 \times 1.2}{41}$ or $\dfrac{Q \times T.A \times 1.1 \times 1.1}{33}$

（DOWEX SAR）　　（DOWEX SBR-P）

T.A→總陰離子數

七、二床三塔式純水

陽離子樹脂量 $= \dfrac{Q \times T.C \times 1.1 \times 1.1}{58}$ （DOWEX HCR-S）

陰離子樹脂量 $= \dfrac{Q \times (10\%M - A + SO_4^= + Cl^- + SiO_2) \times 1.1 \times 1.2}{41}$

（DOWEX SAR）

陰離子樹脂量 $= \dfrac{Q \times (10\%M - A + SO_4^= + Cl^- + SiO_2) \times 1.1 \times 1.2}{33}$

（DOWEX SBR-P）

註：DOWEX HCR-S、DOWEX SAR、DOWEX SBR-P，均為
國外離子交換樹脂廠商的產品編號

1-14 水處理常用公式總整理

1. Chick's law:

$$N_t = N_o e^{-kt}$$

N_t：經過t時間後細菌濃度

N_o：最初細菌濃度

K：細菌減衰常數，以e為底

計算殺菌後殘留細菌濃度

2. Darcy-Weisbach formula:

$$Hf = f(L/D)(V^2/2g)$$

hf：直管之水頭損失

f：摩擦係數

L：直管長度

D：管徑

V：流速

g：動力加速度

計算直管中液體之水頭損失

3. Micalis-Menten equation:

$$V = V_{max}\{[S]/(K_M + [S])\}$$

V：微生物之生長速率

V_{max}：微生物最大生長速率

[S]：基質濃度

K_M：生長速率常數

當$V = 1/2V_{max}$時$[S] = K_M$

計算微生物生長速率

4. monod equation:

$$\mu = \mu_{max}\{[S]/(K_S + [S])\}$$

μ：比生長率

μ_{max}：最大比生長率

[S]：基質濃度

K_S：比生長率速率常數

當$\mu = 1/2\mu_{max}$時[S] = K_S

計算微生物比生長率

5. Hazen-Williams formula

$$V = 0.849CR^{0.63}S^{0.54}$$

V：滿管時管線中之流速

C：流速係數，C = 100～130，依管線材質及使用年限而異

R：水力半徑 = 截面積除以溼周

S：水力坡降

計算滿管時管線中之水流速

6. Hardy-Cross method formula

$$H = KQ^n$$

H：自來水管網之損失水頭

Q：流量

n：對各種水管皆相同之流量指數，一般為1.75～2，取1.85

K：常數

自來水管網設計用

7. Henry's law：亨利定律

$$P = K_HC$$

P：氣體在液體表面之壓力

K_H：亨利常數

C：氣體在液體中之濃度

P與C成正比，計算C用

8. Manning formula：曼寧公式

$V = 1/nR^{2/3}S^{1/2}$

V：未滿流導水渠中水之流速

n：粗糙係數，$0.013 \sim 0.02$

R：水力半徑 = 水流截面積除以溼周

S：水力坡降

計算未滿流導水渠中水之流速

9. Rational method formula：合理式

Q：0.278 CIA

Q：雨水逕流量

C：逕流係數，$C = 0.1 \sim 1$，依土地透水率不同而異

I：降雨強度

A：排水面積

計算雨水逕流量用

10. Velocity gradient：

$G = (P/\mu V)^{1/2}$

G：速度坡降

P：動力，$P = \dfrac{C_D Ar n^3}{2}$ 或 $P = Q\rho gh$

V：池子體積

μ：$0.001 kg/m.sec$

ρ：1000kg/m³

υ：槳板與流體相對速度

C_D：1.5，拖曳係數

Q：m³/sec

G值需大於20以促進膠凝作用，需小於75以免破壞膠羽

控制快、慢混之混凝效果用

設備篇

chapter *2*

給水、純水工程之機械設備

2-1 過濾系統

壹、壓力式砂濾器（Pressure Filter）

一、機械原理

　　壓力式過濾器係鋼板製密閉圓筒槽，其內部構造與重力式快濾池相同，有濾層、集水設備等。壓力式過濾機可分為垂直型及水平型兩種，大多用於工業用水或游泳池等，小型公共給水廠亦有使用。垂直型之容積較小，水平型過於水量較大時採用。通常砂層厚度為45～75公分，濾石層厚20～50公分，砂之均勻係數、有效粒徑與一般快濾池相同，濾石、集水設備、制水閥等亦同。小型者可省略洗砂廢水槽。

　　原水自濾筒頂壓入經水渠、多孔管或隔板均勻分布，進入砂層的主方，由不斷抽送進來的進流水，產生一定的水壓，使水流穿過砂層進入濾石膺，由集水設備收集至淨水貯槽，而無法通過砂層的雜質就附在砂層的上方，等到砂層上方的雜質累積至一定厚度，造成水流無法通過砂層，當過濾損失水頭為0.3～0.5公斤／平方公分時開始反沖洗，洗砂時間為8～10分鐘，使用濁度高的原水時，需另設沉澱池。濾速可達120公尺／日。外觀如圖2-1-1。

二、用途

1. 淨水廠水淨化過濾時使用。
2. 污水廠去除微小S.S.時，當三級處理使用。

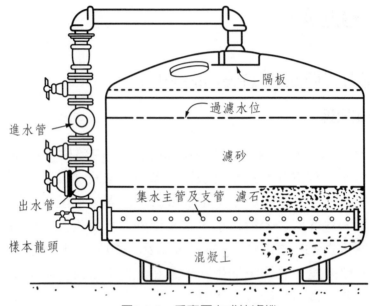

圖2-1-1　垂直壓力式快濾機

三、特性

1. 因原水係加壓過濾，過濾水可直接送達給水地點。
2. 需要面積小，建造期間短。
3. 可承受相當大之過濾損失水頭。
4. 過濾在密閉筒內進行，不易受外界污染。
5. 不會發生空氣阻塞，因槽內壓力高於大氣壓。
6. 使用單控制閥（sigle control valve）操作簡單。
7. 混凝劑加量調節困難，水質不穩定。
8. 混凝沉澱不完全，細菌去除率低，不適於公共給水。
9. 筒內部之觀察困難。
10. 難以保持一定的濾速。
11. 反沖洗時流失的砂多。

四、設計選用

由所需求的過濾水量，查表2-1-1，可得濾速、過濾面積周圍、過濾槽的主要尺寸（如：槽直徑、高度、使用鋼板厚度）、所配過濾管管徑、反洗管管徑、過濾槽所使用鋼材總重及過濾槽使用濾材體積。

表2-1-1　壓力式砂濾器之規格表

型式	項目 單位 型號	處理水量 CAPACTIY CMH	濾速 VF MPH	濾積 AF M^2	主要尺寸		配管		鋼材 KG	濾材 M^3
					周圍 Ft	器徑×高度×板厚 mm	濾 IN	洗 IN		
垂直型（立式）	−001	1	7.5	0.14	4	390 ϕ ×1525 H×3.2 t	1"	1"	75	0.12
	−002	2	7.5	0.26	6	580 ϕ ×1525 H×4.2 t	1"	1½	105	0.26
	−003	3	7.5	0.47	8	780 ϕ ×1525 H×4.2 t	1"	1½	165	0.47
	−005	5	7.5	0.74	10	970 ϕ ×1525 H×4.2 t	1½	2	236	0.74
	−007	7	7.5	1.06	12	1160 ϕ ×1525 H×4.5−6 t	1½	2	335	0.16
	−010	10	7.5	1.25	13	1260 ϕ ×1525 H×4.5−6 t	2	2½	390	1.25
	−015	15	7.5	2.14	17	1650 ϕ ×1525 H×6.0 t	2	3	722	2.6
	−020	20	7.5	2.96	20	1920 ϕ ×1525 H×6.0 t	2½	4	998	3.6
	−030	30	7.5	3.90	23	2230 ϕ ×1525 H×6−8 t	3	4	1345	4.7
	−040	40	7.5	5.39	27	2620 ϕ ×1525 H×6−8 t	4	5	1760	6.5
	−050	50	7.5	6.65	30	2920 ϕ ×1525 H×6−8 t	4	5	1825	8.0
水平型（臥式）	−060	60	7.5	8.0	24	2330 ϕ ×1525 H×6−8 t	4	5	2195	9.6
	−075	75	7.5	10.0	25	2430 ϕ ×1525 H×6−8 t	4	6	2578	12.0
	−090	90	7.5	12.56	27	2620 ϕ ×1525 H×6−8 t	5	8		
	−100	100	7.5	13.0	27	2620 ϕ ×1525 H×6−8 t	5	8		

五、設計實例

品名：砂濾槽，105 m³/hr
交貨地點：南亞公司林口資材課
施工地點：南亞公司南通廠（江蘇南通）

1. 砂濾槽：1座（如圖2-1-2、2-1-3）
   型式：堅型圓筒密閉式，採用多層濾料砂濾槽
   尺寸：2,700 mmØ×1,500 mmH（直線部分）
   構造：胴身9 mmt、端鈑12 mmt、SS400鋼鈑焊製、內外部
   經噴砂處理（Sa2 1/2級）後塗無機鋅粉底漆各一道，
   每道乾膜厚度為75μ，內部塗Epoxy三道，每道乾膜厚
   度各35μ，外部防中途漆一道，乾膜厚度為35μ，再漆
   面漆二道（#43及#69），乾膜厚度各30μ，槽內設有
   散水設備、集水設備，並裝填濾材。
   附件：人孔（20"Ø）一個、手孔（8"Ø）一個、視窗2個、
   爬梯一座及支撐座3座。

2. 砂濾槽濾材：1座（如圖2-1-4、2-1-5）
   (1) 濾石：支撐用，共1,72 m³，共分四層由下而上、由粗而
   細鋪設，每層7.5 cm厚，共30 cm厚，其有效粒徑分別為
   9 mm～18 mm、6 mm～9 mm、3 mm～6 mm、3 mm～1
   mm，另於下端鈑鋪設18 mm～25 mm有效粒徑濾石約2.3
   m³，各濾石比重約2.55～2.65。
   (2) 拓榴石（Garnet）：共0.6 m³，鋪設於濾石上，有效粒徑
   為1.6～1.7，均勻係數為1.5以下，比重至少4.0，填充厚
   度為10 cm。
   (3) 濾砂：共1.72 m³，鋪設於拓榴石上，其有效粒徑為
   0.45 mm～0.5 mm，均勻係數最大不超過1.5，比重約為
   2.55～2.65，填充厚度為30 cm。

(4) 無煙煤（Anthracite Coal）：共1.72 m^3，鋪設於濾砂
上，其有效粒徑為1.0～1.2 mm，均勻係數最大不超過
1.7，比重約為2.0，填充厚度為30 cm。

3. 配管及閥類：1式

範圍：詳規範。

閥類：6"Ø氣動閥為常閉型（即無Air時閥為關閉狀態）鑄製
氣動控制蝶閥或膜片閥，每座砂濾槽5只，其他則採用
手輪（把）式鑄鐵製蝶閥或閘閥（視情況而定）。只
2"Ø（含）以上閥類採用法蘭型。

配管：依ANSI規定施工，配管為SCH40碳鋼管（A53
Gr.B），表面處理及塗裝依請購規範辦理。

廠牌：國貨。

4. 操作控制盤：1座

構造：2 mmt SS400鋼鈑焊製並經烤漆，採屋外型。

內容物：包含NFB，Selenoid Valve，PLC，差壓控制器，
RELAY等，另所有電氣元件之電氣接口採NPT牙口
接續方式。

附註：操作控制盤及配線依業主規定製造施工。

廠牌：國貨。

5. 裝箱費、安裝及試車：1式

附註：

1. 下列各項不屬本公司報價範圍：

(1) 基礎、排水溝及pc地坪等土木工程。

(2) 一次側電源（380 V×3Ø×50 HZ）供應到10 m內。

(3) 配電工程：動力電氣盤及現場動力配線。

(4) 控制用空氣（4.0～5.0 kg/cm^{2}G）及其配管工程。

(5) 試車用水電。

(6) 進流泵2台及逆洗泵2台。

2. 本報價明細表依下列各項基座報價：

(1) 處理水量：每座105 m^3/hr，逆洗水量：每座136.5 m^3/hr。

(2) 處理前之SS：50 mg/L。

(3) 處理後之SS：20 mg/L以下。

(4) 操作控制方式：全自動採水、逆洗及排放，逆採差壓式及 Timer自動控制，另亦可手動操作。

(5) 每次逆洗及正洗時間：共20 min。

(6) 2個砂濾槽之逆洗程序時間錯開，每次總排水量不超過40 m^3（預估約37.625 m^3）。

3. 進流泵浦馬達：

數量：2台。

性能：105 m^3/hr×25 mTDH×20 HZ×5"Ø。

材質：外殼及葉輪皆為FC20，軸為SUS410。

軸封：機械軸封。

馬達：20 HP×380 V×3Ø×50 HZ，屋外型，TEFC。

附註：泵浦馬力數依泵浦製造商之效率而定。

4. 逆流泵浦馬達：

數量：2台。

性能：136.5 m^3/hr×23 mTDH×25 HZ×6"Ø。

材質：外殼及葉輪皆為FC20，軸為SUS410。

軸封：機械軸封。

馬達：25 HP×380 V×3Ø×50 HZ，屋外型，TEFC。

附註：泵浦馬力數依泵浦製造商之效率而定。

設計計算書

1. 設計條件

處理水量：105 m^3/hr

處理水量：105 m^3/hr = 1.75 m^3/min

處理前後之懸浮物（S.S）：處理前為50 mg/L

處理後為20 ppm以下

逆洗水量：105×1.3倍 = 136.5 m³/hr = 2.275 m³/min

採水時間：24 hrs以上

每次逆洗及正洗之時間：15 min（逆洗）+ 5 min（正洗）

每次逆洗及正洗之總排水量：1.75×5 + 2.275×15 = 42.875

2. 砂濾槽設計：

(1) 採用多層濾料過濾器

(2) 設過濾速度：20 m³/hr/m² = 480 m³/day/m²

   砂濾槽需要表面過濾面積：105/20 = 5.25 m²

   砂濾尺寸：2.7 mØ×1.5 mSH（直線高度）

   有效過濾面積：2.7²×0.785　每5.73 m² > 5.25 m²・OK

   實際過濾速度：105/5.73≒18.32 m³/hr/m² < 20 m³/hr/m²・OK

(3) 砂濾槽胴身鋼鈑厚度計算：

   設計壓力為2.5×1.5 = 3.75 kg/cm²

   $$t = \frac{P \cdot D}{200\mu \cdot X \cdot \eta - 1.2P} + \alpha$$
   $$= \frac{3.75 \times 2,700}{200 \times 41 \times 0.25 \times 0.85 - 1.2 \times 3.75} + 3$$
   $$= 5.83 + 3 = 8.83 \text{ mm} \rightarrow 9 \text{ mm}$$

(4) 砂濾槽端鈑鋼鈑厚度計算：

   $$t = \frac{P \cdot R \cdot W}{200\mu \cdot X \cdot \eta - 0.2P} + \alpha$$
   $$= \frac{3.75 \times 2,700 \times 1.54}{200 \times 41 \times 0.25 \times 0.85 - 1.2 \times 3.75} + 3$$
   $$= 8.95 + 3 = 11.95 \text{ mm} \rightarrow 12 \text{ mm}$$

3. 管徑設計：

   進流水量：105 m³/hr

   進流水管管徑：6"Ø = 150 mmØ

   進流水速度：105 m³/hr×1.3倍 = 136.5 m³/hr

逆洗水管管徑：6"Ø = 150 mmØ

逆洗水速度：$136.5/(60 \times 60 \times 0.15^2 \times 0.785) \fallingdotseq 2.15$ m/sec．OK

4. 濾材設計：

最上層：無煙煤，填充厚度為30 cm，容積為1.72 m³。

中間層：上層為濾砂，填充厚度為30 cm，容積為1.72 m³

下層為拓榴石，填充厚度為10 cm，容積為0.6 m³

最下層：濾石，填充厚度為30 cm，分四層鋪設，每層為7.5 cm，容積共為1.72 m³。

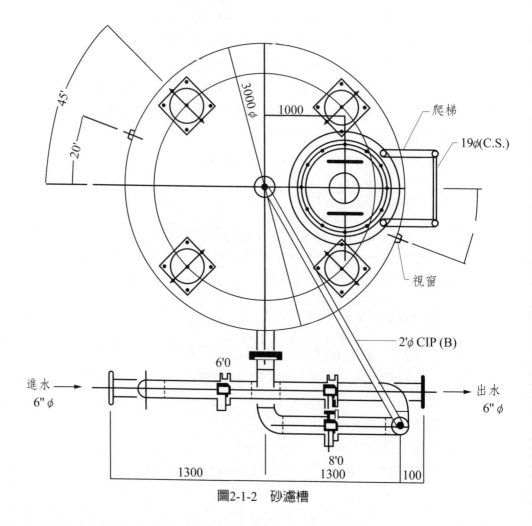

圖2-1-2　砂濾槽

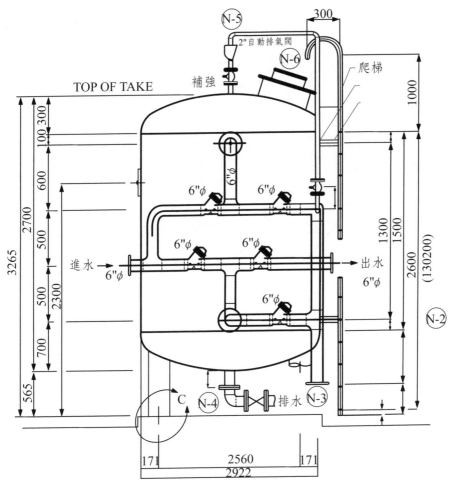

圖2-1-3　砂濾槽立面圖

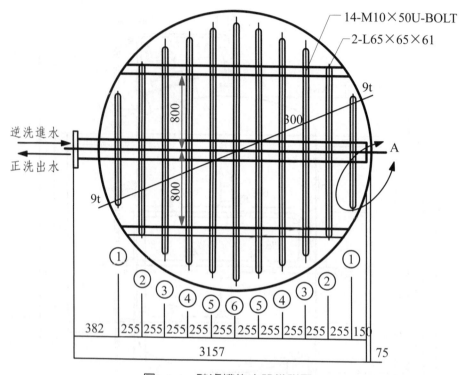

圖2-1-4　砂濾槽集水設備詳圖

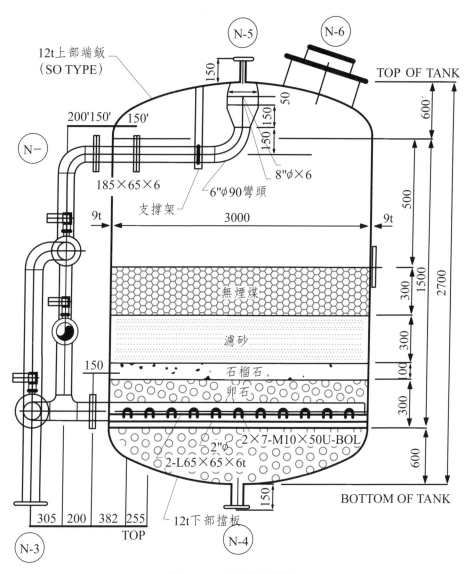

圖2-1-5 砂濾槽剖面圖

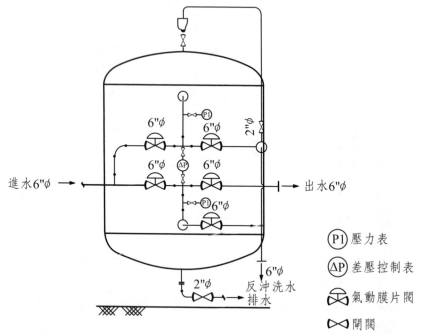

進水6"φ →　　　　　　　　　→ 出水6"φ

P1 壓力表

ΔP 差壓控制表

氣動膜片閥

閘閥

圖2-1-6　表面配管示意圖

N-7	人孔	500 φ		A-53B	詳圖所示
N-6	手孔	8"φ		A-53B	
N-5	排氣口	2"φ		A-53B	附2"φ自動排氣閥1只
N-4	排水口	2"φ		A-53B	正常操作時為關閉
N-3	清洗水 出　口	6"φ		A-53B	
N-2	出水	6"φ		A-53B	逆洗時為進水口
N-1	進水口	6"φANSI 150#R.F.		A-53B	逆洗時為出水口
件數	名稱	口徑		材質	備註

設計處理水量：105 m^2/hr　　　試水壓力：3.75 Kg/cm^{2}G

設　計　壓　力：2.5 Kg/cm^2　　操作壓力：2.5 Kg/cm^{2}G

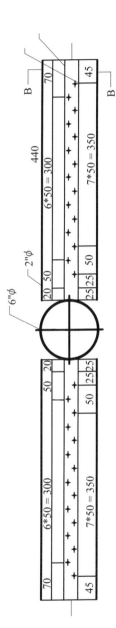

附註：

1. 支撐腳架及爬梯材質 Carbon Steel，面積 Sa2 1/2經噴沙除銹處理後，漆無機鋅粉底漆一道，其乾膜厚度為75μ，然後再漆一道 Epoxy 中塗漆，其乾膜厚為30μ，再漆二道 PU 面漆（#43藍色及#69白色），乾膜膜厚度各為30μ。

2. 濾材規定：

2-1. 濾石（最下層）：濾沙及無煙煤，而下而上，由粗而細，共分四層鋪設7.5 cm厚，其有效粒徑18 mm-9 mm、9 mm-6 mm、6 mm-3 mm及3 mm-1 mm，比重2.55-2.65，另以25 mm-8 mm，濾石容積為1.99立方公尺，有效粒徑之濾石鋪設於端端板部分。

2-2. 拓榴石（中間下層）：鋪設於濾石上，厚度為10 cm，1.6-1.7，均勻係數為1.5以下，拓榴石容積為0.71立方公尺。風繼續吹重為4.0。

2-3. 濾砂（中間上層）：鋪設於拓榴石上，厚度為30 cm，其有效粒徑為0.45 mm-0.5 mm，均勻係數在1.5以下，比重2.55-2.65，濾砂容積為2.12立方公尺。

2-4. 無煙煤：鋪設於濾砂上，厚度為30 cm，均勻係數為1.0 mm-1.2 mm，其有效粒徑為1.7以下，比重約2.0、無煙煤容積為2.12立方公尺。

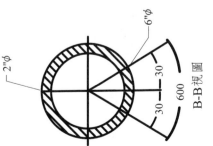

B-B視圖

圖2-1-8　B-B視圖

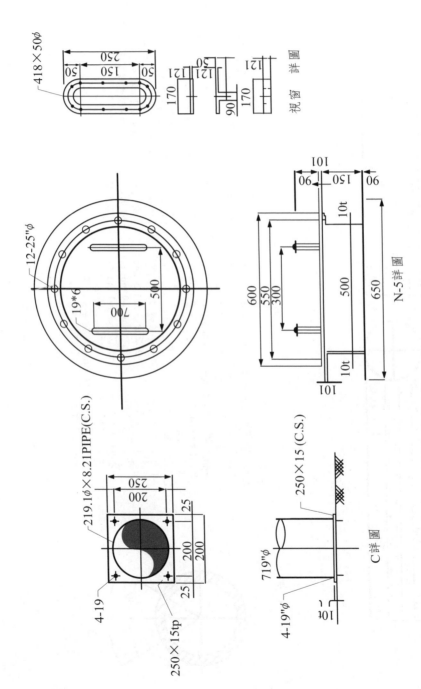

圖2-1-9

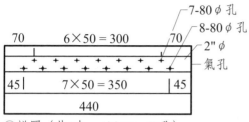

①詳圖（共4支　4×15＝60孔）

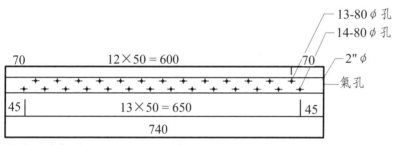

②詳圖（共4支　4×27＝108孔）

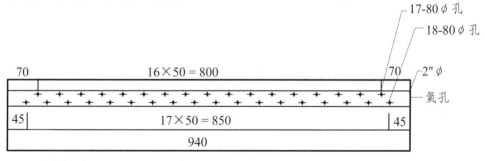

③詳圖（共4支　4×35＝140孔）

圖2-1-9（續）

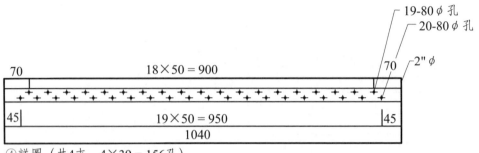

④詳圖（共4支 4×39＝156孔）

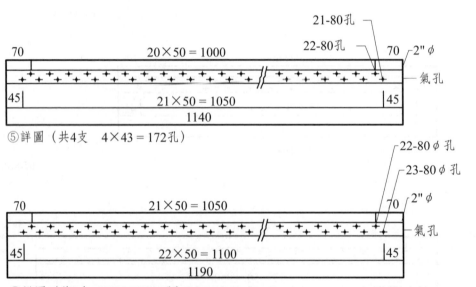

⑤詳圖（共4支 4×43＝172孔）

⑤詳圖（共2支 2×45＝90孔）

圖2-1-9（續）

貳、無閥式砂濾器（Valveless filter）

一、機械原理

　　圖2-1-10為無閥過濾機（valveless filter）之構造及自動洗砂過程。

　　圖(a)表示過濾初期之水位狀態，當過濾進行相當時間後，濾層的損失水頭漸大，洗砂廢水管中之水位增高，達到最高水位峙，產生虹吸作用致過濾槽中之原水流出，如圖(b)及(c)。因流出量大於進水量，所以洗砂水槽內之水經由集水系統反沖達到洗砂目的。當洗砂水槽水位降低至虹吸停止管（siphon breaker）之下，空氣進入，虹吸停止，洗砂亦停，旋即進行過濾，最初過濾水質較差，濾水先貯於洗砂水槽如(d)圖。水槽一定水位後，過濾水才開始經過出水管流出。

二、用途

1. 工業用水過濾設備。
2. 自來水淨水廠過濾設備。

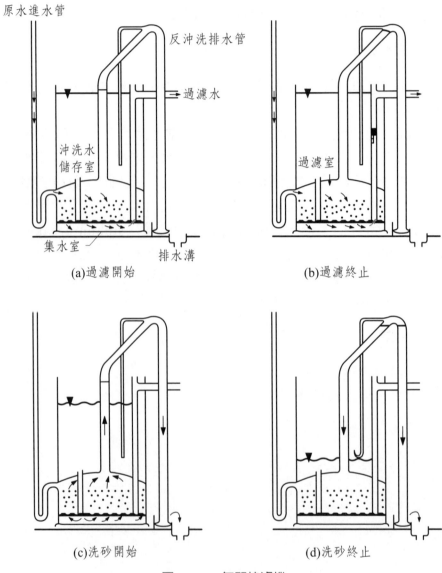

圖2-1-10　無閥快濾機

三、特性

1. 此種過濾機構造簡單，裝置費低廉，操作及管理容易，故障少。
2. 無閥過濾機中沒有水閥、濾率控制器或其他設備。
3. 洗砂水存於過濾槽上面，不需另裝抽水機及水槽。
4. 洗砂後，初期過濾水可自動流入洗砂水槽以供洗砂之用。
5. 過濾水頭損失加大時，過濾槽水位亦相對地提高以維持一定濾率，並可保持正水頭過濾，避免空氣游離。但過濾槽上設洗砂水槽，故需要相當高之水頭（不管濾機大小，約7.3公尺）。

四、設計選用

　　由所需求的過濾水量，查表2-1-2可得濾速、過濾面積、周圍過濾槽的主要尺寸（如：槽直徑、高度、使用鋼鋼板厚度），所自己過濾管管徑，反洗管管徑、過濾槽所使用鋼材總重及過濾槽所使用濾材體積。

表2-1-2　無閥或沙濾器之規格表

項目 單位 型號	處理水量 CAPACTIY CMH	濾速 VF MPH	濾積 AF M²	主要尺寸		配管		鋼材 KG	濾材 M³
				周圍 Ft	器徑×高度×板厚 mm	濾 IN	洗 IN		
−010	10	6	1.65	15'	1450φ×4500×4.5−6 t	2½	3×2	490	2.2
−020	20	6	3.56	22'	2130φ×4500×4.5−6 t	3	4×3	1600	4.7
−030	30	6	5.01	26'	2520φ×4500×4.5−6 t	4	5×4	2037	6.68
−040	40	6	6.10	30'	2920φ×4500×4.5−6 t	5	6×5	2353	8.9
−050	50	6	8.30	33.5'	3250φ×4500×6−8 t	5	6×5	3917	10.8
−060	60	6	10.4	37.5'	3640φ×4500×6−8 t	5	8×6	4386	13.5
−070	70	6	11.8	40'	3880φ×4500×6−8 t	6	8×6	4705	15.7

五、設計實例

嘉義電廠無閥式過濾器製裝（如圖2-1-12、2-1-13、2-1-14、2-1-15）

1. 本請購編號為PIZ43，施工範圍如下：
   (1) 無閥式過濾器100 m^3/hr(3860$\emptyset$×4575 H)×1 ST製裝，含濾材帶料安裝，內外爬梯需使用SUS304。
   (2) 無閥式過濾器250 m^3/hr(6500$\emptyset$×4880 H)×2 ST製裝，含濾材帶料安裝，內外爬梯需使用SUS304。
   (3) 無閥式過濾器泵浦4 ST安裝，與入水管、出水管、排水管帶料配管，及泵浦出口處止回閥、蝶閥帶料安裝。
   (4) 無閥式過濾器RC支持座由營建施工，但RC座上面需鋪柏油砂，由本案負責。
   (5) SS41鐵材、鋼管，需噴砂除鏽，然後噴漆四道。
   (6) 濾水頭部分，使用塑膠片（16片）組立、防不鏽鋼固定螺栓、螺帽、橡膠迫緊（濾水頭於報價時，附送樣品一組）。

2. 100個無閥式過濾器，側板厚度原要求4.5 m/mt，但為顧及使用壽命，擬修改為6 m/mt，濾板修改為8 m/mt，頂板及濾材室頂板，需用角鐵L65×65×6 t補強。

3. 本案配管使用管材，至少為B級碳鋼管以上，管件亦同。

4. 無閥式過濾器泵浦4ST，Q = 4 m^3/min×20 mH，請購編號PIB20，但由本案安裝。

5. 無閥式過濾器施工完成，濾材安裝完成，泵浦安裝及配管完成後試車，試車時水質需達到此基準。
   濁度（處理前）max 10 NTU → 1 NTU（處理後）
   鐵（處理前）max 0.5 PPM → 0.1 PPM（處理後）
   錳（處理前）max 0.5 PPM → 0.1 PPM（處理後）

6. 3組過濾器均含SUS304內外爬梯。

7. 含泵浦出入口水管及閥類。

8. R.C.基座上需鋪柏油砂。

9. 濾材數量表：

中石：11.65 m³

細石：11.65 m³

砂頭：7.7 m³

石英砂：77 m³

10. 100 m³/hr過濾器側板厚度改為6 m/mt，濾板修改為8 m/mt，頂板及濾材室頂板需用L65×65×6 t補。

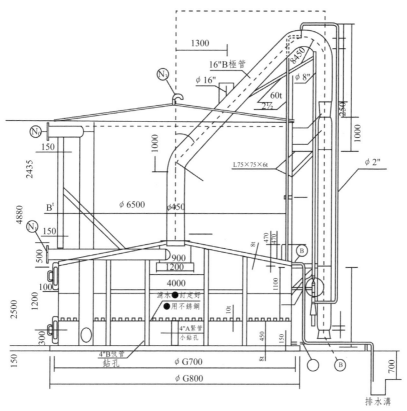

圖2-1-12 無閥式過濾器剖面結構圖

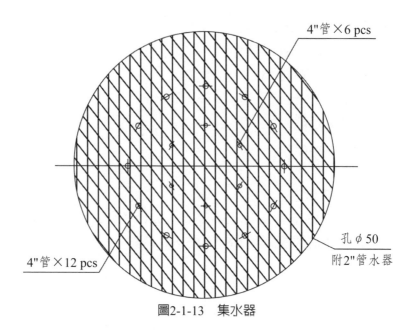

4"管×6 pcs

孔 φ 50

附2"管水器

4"管×12 pcs

圖2-1-13　集水器

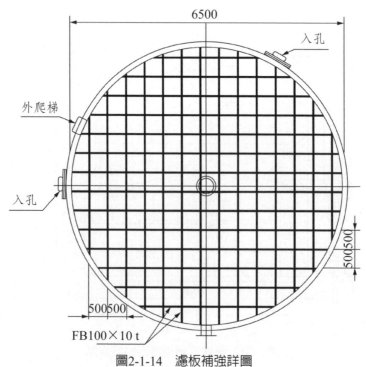

6500

入孔

外爬梯

入孔

500500

500500

FB100×10 t

圖2-1-14　濾板補強詳圖

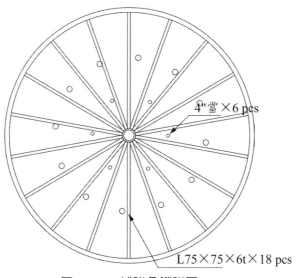

圖2-1-15 補強角鐵詳圖

參、完全連續式砂濾器（上流式及下流式）

一、機械原理

1. 傳統式之砂濾器由於不能連續操作，濾砂床上累積之污物必須停機反沖洗，才可再使用。而完全連續式砂濾器克服了這問題，採水與洗砂可同時進行。

2. 利用氣昇泵浦，以氣將含有雜質的砂層，自下往上送，到液面時，利用空氣與砂及污水分開跑入大氣中的力量，使砂子在水中滾動，藉砂粒間的磨擦，達到砂粒清洗的功能。又因砂粒比重比水大，氣昇泵浦的空氣跑入大氣中後，砂粒很自然的又沉入水中，依續排列成過濾的砂層，而反洗完的污水與砂粒分離後，就集中由反洗水排放口排出（如圖2-1-16）。

3. 依採水時水流方向不同,可分上流式與下流式。上流式即污
   水自進水管進入砂濾器,經分散器均勻分散後,由下而上通
   過自上而下移動的砂床過濾,濾過的水經由溢流集水器流
   出,如圖2-1-17。下流式的污水入水口在上方,水流經砂層
   過濾後,集中流入下方的過濾網,再由下方的排水口統一排
   放,如圖2-1-18。

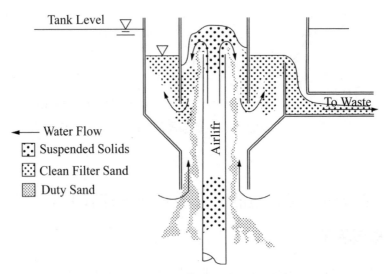

圖2-1-16   Strata-Sand Washbox Diagram

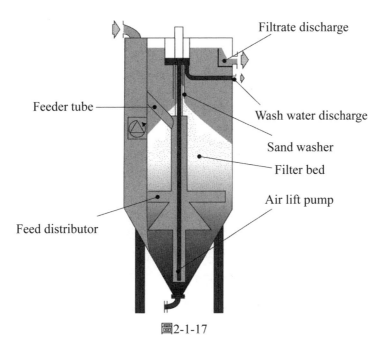

圖2-1-17

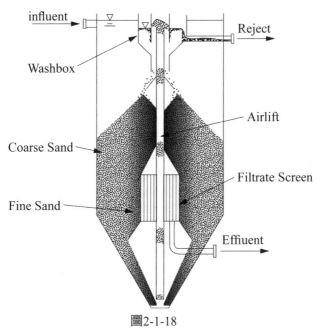

圖2-1-18

二、用途

1. 製程用水處理。
2. 飲用水處理。
3. 製程用水再生循環。
4. 工業廢水處理。
5. 都市污水處理。

三、特性

1. 採水與濾砂反洗可同時進行，即可完全連續式砂濾採水。
2. 不論上流式或下流式的完全連續式砂濾器都是國外公司的世界專利，國內僅有總代理商。
3. 可處理高濃度懸浮物含量源水。
4. 反洗水量少，約為傳統的30%。
5. 可直接管中加藥，進行過濾。

四、設計選用

1. 濾速的決定：濾速與污水中SS的濃度、粒徑、特性（黏性）及出水要求水質有關。SS的濃度越高，粒徑越小，黏性越大及出水水質要求越高，則濾速就要越小，相反條件時，濾速就可越大。一般濾速範圍在7.5～15 m/Hr。
2. 將所要處理的水量（m^3/Hr）除以決定好的濾速（m/Hr），就可得到到濾面積（m^2），再從表2-1-3，即可查得上流式完全連續砂濾器的型號、內徑及全高。
3. 槽體可選用SS41或SUS304材質製造。

五、相關配備選用

1. 爬梯及走道平台：方便操作及維修。

2. 鼓風機：提供氣昇泵浦用的空氣來源。

3. 排水管：設於漏斗形砂濾器的最下方，方便緊急排水或砂濾器整修清洗用。

六、外觀尺寸

如圖2-1-19。

表2-1-3 上流式完全連續砂濾器之規格表

型號		內徑	全高	過濾面積
DST 03	Free-standing filter tank	0.64 m	3.5 m	0.32 m^2
DST 07	Free-standing filter tank	1	4.2	0.75
DST 15	Free-standing filter tank	1.5	5.7	1.5
DST 30	Free-standing filter tank	2	6	2.9
DST 50	Free-standing filter tank	2.6	7	5
DST 50-B	Module for installation in concrete tank	2.5	5.5	5

*For filtration deptb 1 m. DynaSand DST 07-DST50 (B) is also supplied uitb 1.5 or 2 m deptb.

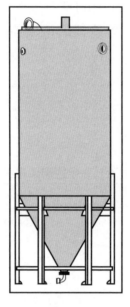

圖2-1-19

2-2 活性碳吸附器

一、機械原理

活性碳吸附器為鋼板焊製密閉圓筒槽，其內部構造有集水、散水設備及防止活性碳流失的大、中、小濾石，外觀與砂濾槽相近，槽體高度為1830 mm，較砂濾槽槽體高度1525 mm高，因活性碳比重比石英砂小，在反沖洗時較易流失，所以槽體高要較高，一般濾石層厚為20～50 cm，活性碳層厚度為45～75 cm，濾石層由下層至上層分別為大石、中石、小石及砂仔頭，各層厚度約為10～15 cm。

槽體頂部設有4/8"Ø的排氣管及手動排氣閥，僅於筒槽第一次進水時使用,活性碳上方之氣體排光後(排出是水時),即應關閉排氣閥。當水中雜質累積在活性碳上層,造成水流無法通過活性碳層,當損失水頭為0.3～0.5 kg/cm^{2}時開始反沖洗或以時間設定,在用水的離峰時,約每天的凌晨時反沖洗,洗活性碳之時間為8～10 mins。

　　一般用氣動閥接電磁開關,以壓力差或Timer,自動控制活性碳槽的反沖洗時間及反沖洗步驟。

二、用途

1. 淨水廠砂濾後,水再淨化時使用。
2. 污水廠去除微小S.S或COD時,當三級處理使用。

三、特性

1. 可設視窗,了解活性碳反沖洗狀態,藉以控制反沖洗水量的大小。
2. 設備簡單,可用全自動方式,不需人力操作。
3. 活性碳有壽命的,當吸附量飽和時,即需更換,飽和的活性碳可運至工廠再生,惟再生後的活性碳吸附能力會剩原有的50～80%。

四、設計選用

　　由所需求的處理量,查表2-2-1,可得濾速、濾積、吸附槽主要尺寸(如:槽直徑、高度、使用鋼板厚度、所配過濾管管徑、反洗管管徑、過濾槽所使用鋼材統重及過濾槽所使用濾材與活性碳數量)。

表2-2-1 活性碳吸附器之規格表

項目 單位 型號	數量 Ac Litere	濾速 VF MPH	濾積 AF m²	主要尺寸		配管		銅材 kg	製造成本						濾材
				周圍 Ft	器徑×高度×板厚 mm	濾 IN	洗 IN		桶身 萬元	配管 萬元	配件 萬元	凡而 萬元	油漆 萬元	小計 萬元	萬元
TP-FAC-0050	52	11~88	0.09	3.5'	340 φ ×1525 H×3.2 t	1	1	60	0.35	0.10	0.15	0.05	0.05	0.80	0.25
0075	75	28~36	0.14	4'	390 φ ×1525 H×3.2 t	1½	1½	75	0.40	0.18	0.15	0.07	0.07	0.94	0.38
0100	100	33~39	0.18	5'	485 φ ×1525 H×4.5 t	1½	1½	130	0.50	0.20	0.16	0.07	0.08	1.15	0.50
0150	150	30~36	026	6'	580 φ ×1525 H×4.5 t	2	2	140	053	0.30	0.18	0.15	0.08	1.40	0.75
0200	200	30~42	0.36	7'	680 φ ×1525 H×4.5 t	2½	2½	160	0.60	0.30	0.18	0.15	0.08	1.50	1.00
0250	250	34~42	0.47	8'	780 φ ×1525 H×4.5 t	2	2	210	0.70	0.43	0.18	0.33	0.08	1.90	1.30
0300	300	36~42	0.59	9'	870 φ ×1525 H×4.5 t	3	3	235	0.85	0.60	0.18	0.39	0.08	2.20	1.56
0400	400	35~40	0.74	10'	970 φ ×1525 H×4.5 t	3	3	286	0.85	0.60	0.18	0.39	0.10	2.35	2.08
0500	500	28~39	1.06	12'	1160 φ ×1525 H×4.5 t	3	3	328	1.03	0.60	0.20	0.39	0.11	2.60	2.60
0600	600	29~32	1.26	13'	1260 φ ×1525 H×4.5 t	4	4	897	1.20	0.90	0.20	0.51	0.12	3.30	3.15
0800	800	25~30	1.65	15'	1450 φ ×1525 H×4.5 t	4	4	596	1.66	0.90	0.22	0.51	0.17	3.85	4.20
1000	1000	24~28	2.14	17'	1650 φ ×1525 H×4.5 t	4	4	722	1.90	0.90	0.24	0.51	0.18	4.15	5.25
1500	1500	20~25	2.96	20'	1940 φ ×1525 H×6.0 t	4	4	998	2.56	0.90	0.28	0.51	0.25	4.95	7.80
2000	2000	21~28	3.56	22'	2130 φ ×1525 H×6.0 t	5	5	1050	2.86	0.98	0.28	0.65	0.26	5.60	10.40
2500	2500	22~27	4.64	25'	2430 φ ×1525 H×6-8 t	5	5	1485	4.00	0.98	0.30	0.65	0.31	6.90	13.00
3000	3000	23~28	5.39	27	2620 φ ×1525 H×6-8 t	6	6	1750	4.52	1.05	0.35	0.76	0.35	7.80	15.60

五、操作說明書

(一)簡圖

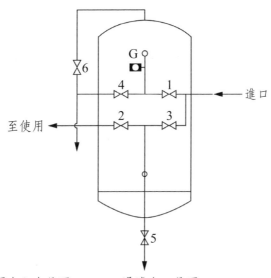

1.原水入水凡而　　　2.過濾出口凡而
3.反洗入水凡而　　　4.反洗排水凡而
5.排水凡而　　　　　6.逸氣凡而
G.壓力測定計

(二)操作程序表

程序＼凡而	1	2	3	4	5	6	操作時間
過濾	○	○	×	×	×	×	2～3天
逆洗	×	×	○	○	×	×	5～10 min
清洗	○	×	×	×	○	×	5～10 min
備註：　○：開　×：關							

(三)操作方法說明

1. 清洗濾材預備工作

   (1) 開V1（進水凡而）及V6逸氣凡而，使器內入水至V6有水排出，使器內滿水，關V6並觀察G之指示，不再升高為止。

   (2) 開V5以肉眼觀察水洗清時，取約100 ml之燒杯取水樣，看是否洗淨之後將V5關閉，除開V2，供水使用。

2. 反洗

   (1) 過濾器使用一段時間（約2～3天）後即應以反洗處理，將濾材鬆動之，去除濾材上端及內部所堆積之懸雜物質。

   (2) 除開V3、V6使水由下往上流，漸開V4注意不得讓活性碳粒流出塔外，如此繼續5～10分鐘，並關V3、V4。

3. 清洗

   (1) 逆洗終止時，稍停靜置約2分鐘。

   (2) 開啟V5、V1使水由上通入清洗濾材，由V5凡而排出清至出水清淨為止，為時約5～10分。

4. 過濾

   (1) 清洗完成，同樣地讓水面靜止約2分鐘。

   (2) 再開啟V2、V1，供水使用。

2-3 軟化槽

一、機械原理

軟化槽為鋼板焊製的密閉式桶槽，內部的集水設施可用集水頭、集水板、集水管包網或小中大石當集水器，目的是防止樹脂外流。

樹脂用Na^+型樹脂，因再生時，是用NaCl（工業用鹽）當再生藥劑,用以交換從水中吸附的Ca^{++}、Mg^{++}等兩價的陽離子,再生時使用的NaCl再生液濃度,應泡製成20%左右,每日軟水產量超過1000 m^3者,應設載工業用鹽卡車可直接傾倒的鹽溶解槽,且應備稀釋水管系統。

　　小規模的軟化槽,再生時可用抽吸器,再生藥劑可因進水泵浦送水,藉由抽吸器形成負壓的力量吸入軟化槽中,而每日軟水產量超過1000 m^3者,應設鹽水加藥泵浦,直接把再生藥劑打入軟化槽中。

二、用途

1. 鍋爐用水必備的前處理設施,可防止鍋爐因Ca^{++}、Mg^{++}離子結垢而阻塞或爆炸。
2. 染整廠製程用水必備的前處理設施。
3. 冷卻系統或一般熱交換系統防止管線阻塞,必備的用水前處理系統。
4. 食品廠或飲料廠,降低地下水中Ca^{++}濃度時使用。

三、特性

1. 僅用工業用鹽NaCl再生,藥劑費用低廉。
2. 因NaCl腐蝕性較低,桶槽內部僅需用底漆及Epoxy coating即可,不需用Rubber Lining,設備成本較低。

四、設計選用

　　由每日所需的軟水產量,查表可得濾速、過濾面積,由濾速×過濾面積＝軟水產量,再查表2-3-1,可得相對應的軟化槽主要尺寸(如:槽直徑、高度、使用鋼板厚度),所需配過濾管管徑、反洗管管徑、過濾槽所使用鋼材總重及所使用的交換樹脂體積。

表2-3-1 軟化槽之規格表

型號	樹脂量 Resin Litere	濾速 VF MPH	濾積 AF m²	周圍 Ft	主要尺寸 器徑×高度×板厚 mm	配管 濾 1N	配管 洗 1N	銅材 kg	桶身	配管	配件 萬元	凡而 萬元	油漆 萬元	小計 萬元	濾材 萬元
TP-S-0050	50	14.3	0.07	3'	290φ×1525H×3.2t	1N	3/4	50	0.30	0.10	0.30	0.05	0.06	0.90	0.26
0075	75	222.2	0.09	35'	340φ×1525H×3.2t	1	3/4	60	0.34	0.10	0.30	0.05	0.07	0.95	0.40
0100	100	7.14	014	4'	390φ×1525H×3.2t	1	1	75	0.40	0.13	0.33	0.06	0.10	1.25	0.53
0150	150	11.17	0.18	5'	485φ×1525H×4.5t	1	1	130	0.50	0.13	0.33	0.06	0.12	1.30	0.79
0200	200	8.19	0.26	6'	580φ×1525H×4.5t	1	1	140	0.53	0.13	0.33	0.06	0.12	1.40	1.05
	200	8.19	0.26	6'	580φ×1525H×4.5t	1½	1	140	0.53	0.16	0.40	0.07	0.12	1.45	1.05
0250	250	8.14	0.36	7'	680φ×1525H×4.5t	1	1	164	0.60	0.16	0.33	0.06	0.14	1.50	1.31
	250	8.14	036	7'	680φ×1525H×4.5t	1½	1	164	060	0.16	0.40	0.07	0.14	1.57	1.31
0300	300	6.15	041	8'	780φ×1525H×4.5t	1	1	210	070	0.16	0.33	0.06	0.18	1.67	1.58
	300	6.15	0.41	8'	780φ×1525H×4.5t	1½	1	210	0.70	0.16	0.40	0.08	0.18	1.67	1.58
0400	400	10.15	0.47	8'	780φ×1830H×4.5t	1½	1	217	0.73	0.18	0.40	0.08	0.21	1.76	2.10
	400	10.15	0.47	8'	780φ×1830H×4.5t	1½	1½	217	0.73	0.20	0.45	0.09	0.21	1.85	2.10
0500	500	8.17	0.59	9'	870φ×1830H×4.5t	1½	1	269	0.83	0.20	0.40	0.08	0.24	1.92	2.63
	500	8.17	0.59	9'	870φ×1830H×4.5t	2	1½	269	0.83	0.28	0.69	0.12	0.24	2.32	2.63
0600	600	12.25	0.59	9'	870φ×1830H×4.5t	1½	1	269	0.83	0.28	0.40	0.08	0.24	1.92	3.15
	600	12.25	0.59	9'	870φ×1830H×4.5t	2	1½	269	0.83	0.28	0.64	0.12	0.24	2.32	3.15
0800	800	10.20	0.74	10'	970φ×1830H×4.5t	1½	1	328	0.95	0.30	0.40	0.08	0.29	2.10	4.20
	800	10.20	0.74	10'	970φ×1830H×4.5t	2	2	328	0.95	0.32	0.69	0.15	037	2.62	4.20

型號	樹脂量 Resin Litere	濾速 VF MPH	濾積 AF m²	周圍 Ft	主要尺寸 器徑×高度×板厚 mm	配管 濾 IN	配管 洗 IN	銅材 kg	製造成本 桶身	配管	配件 萬元	凡而	油漆	小計 萬元	濾材 萬元
1000	1000	9.19	1.06	12'	1160φ×1830H×4.5 t	2	2	370	1.10	0.32	0.69	0.15	0.30	2.81	5.25
	1000	9.19	1.06	12'	1160φ×1830H×4.5 t	2½	2	370	1.10	0.40	0.82	0.29	0.30	2.91	5.25
1500	1500	9.18	1.65	15'	1450φ×1830H×4.5-6t	2	2	580	1.05	032	0.69	0.15	0.38	3.50	7.88
	1500	9.18	1.65	15'	1450φ×1830H×4.5-6t	3	2	580	1.05	0.41	0.98	0.32	0.38	3.75	10.50
2000	2000	9.18	2.14	17'	1650φ×1830H×4.5-6t	2½	2½	788	2.08	0.43	0.82	0.33	0.43	4.50	10.50
	2000	9.18	2.14	17'	1650φ×1830H×4.5-6t	4	2	788	2.08	0.58	1.02	0.39	0.43	5.10	10.50
2500	2500	10.20	2.96	20'	1940φ×1830H×6t	3	3	1085	2.74	0.62	0.96	0.39	0.52	5.78	13.10
	2500	10.20	2.96	20'	1940φ×1830H×6t	4	3	1085	2.74	0.75	1.02	0.44	0.52	6.05	13.10
3000	3000	8.17	3.56	22'	2130φ×1830H×6t	3	3	1140	3.02	0.70	0.98	0.39	0.60	6.00	15.75
	3000	8.17	3.56	22'	2130φ×1830H×6t	4	3	1140	3.02	0.78	1.02	0.44	0.60	6.45	15.75
3500	3500	10.18	4.00	23'	2230φ×1830H×6-8t	4	3	1235	4.00	0.78	1.02	0.44	0.64	7.51	18.38
4000	4000	9.17	4.64	25'	2430φ×1830H×6-8t	4	4	1592	4.09	0.89	1.14	0.51	0.30	8.30	21.00
	4000	9.17	4.64	25'	2430φ×1830H×6-8t	5	4	1592	4.29	0.96	1.60	0.59	0.30	8.95	21.00
4500	4500	11.17	4.64	25'	2430φ×1830H×6-8t	4	4	1592	4.29	0.59	1.14	0.51	0.30	8.30	23.63
	4500	11.17	4.64	25'	2430φ×1830H×6-8t	5	4	1592	4.29	0.96	1.60	0.59	0.30	8.95	23.63
5000	5000	9.19	5.33	27'	2620φ×1830H×6-8t	4	4	1890	5.07	0.89	1.14	0.51	0.80	9.25	26.25
	5000	9.19	5.33	27'	2620φ×1830H×6-8t	5	4	1890	5.07	0.96	1.60	0.59	0.80	8.85	26.25
6000	6000	9.19	6.65	30'	2910×2400H×6-8t	4	4	2336	6.20	0.89	1.14	0.51	0.96	10.70	31.50
	6000	9.19	6.65	30'	2910×2400H×6-8t	5	4	2336	6.20	0.96	1.60	0.59	0.96	11.30	31.50

五、自動軟化系統操作說明書

1. 概說：

    本處理系統係採用「美製自動軟化再生控制系統」，進行以
    下：

    (1) 逆洗

    (2) 慢洗通鹽

    (3) 快洗

    (4) 採水

2. 操作原則：溫度40°～120°F（5°～50℃）。

    控制器電力110 V　60 HZ。

3. 操作說明：

    (1) 450控制器

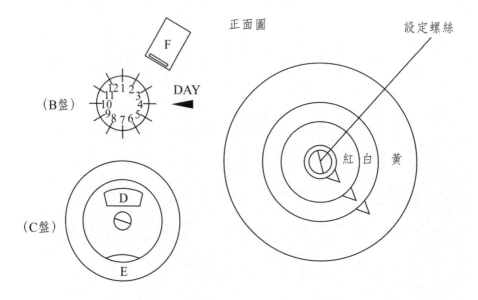

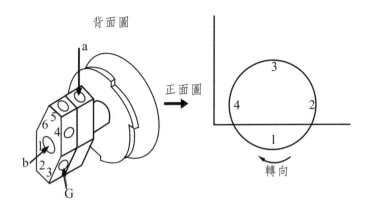

(A)A盤

A盤上可分三部分，放鬆其上之螺絲，即可調整各部分所需時間：

逆洗→10～15分。

慢洗通鹽→35～50分。

快洗→10～20分。

(B)B盤

B盤上有12塊厂型小鋼片，每片代表連續運轉24小時，依所需再生時數設定之。例如：每連續運轉48小時後，需再生一次時，則每隔一片按下去一片，按下的鋼片轉到DAY的位置，該24小時內將自動進行再生（時間根據「D」）。

(C)C盤

C盤中可分D、E二部分，E指示累積時間，D為運轉到E中之顯示時間時即進行自動再生。

(D)F

將F往右上方推可行手動驅動再生循環工作。

a孔為壓力水入口。

b孔為排水。

餘六孔依號碼與各同號凡而連接。

H板位置	軟化器功用	開凡而	時間	備註
4	採水	1＆2		設定24小時再生一次
	停	2＆3	X	
1	逆洗	3＆4	10～15 min	
	停	4＆5	X	
2	通鹽、慢洗	5＆6	30～50 min	
	快洗	6＆1	10～20 min	

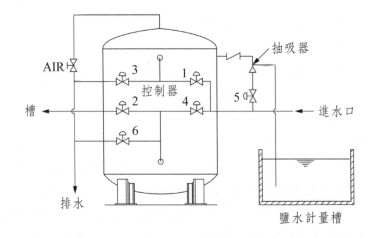

六、再生液配製

取工業用鹽200 kg，加水稀釋至1000 L，使成20%之溶液，以抽吸器抽入軟化器中，行再生之作用。

七、注意事項

1. 鹽水計量槽應配合再生時間配製好，以免自動控制系統徒勞

　　無功。
2. 自動控制器嚴禁潮濕。
3. 在本系統附近動作時,請勿觸碰壓力水管以防壓力水流出。

2-4　陽離子交換樹脂槽

一、機械原理

　　陽離子交換樹脂槽的功能就是要去除水中之陽離子的,所以所用的交換樹脂是帶陰性的樹脂,是帶負電的,才可以吸附水中帶正電的陽離子。

　　陽離子交換樹脂槽所用的再生藥劑是HCl,利用HCl中的H^+離子取代吸附在樹脂上的陽離子,使吸滿水中陽離子的樹脂能把陽離子排除,而重新具有再吸附陽離子的能力,所以此種樹脂也稱為H^+型樹脂。

　　陽離子樹脂槽一般與脫氣塔及陰離子樹脂槽同時被設置,形成所謂的二床三塔系統,經過此系統的水即為純水,純度一般可達10萬Ω/cm^2,其純度雖不高,但可大量生產純水,生產純水成本低,操作簡便,大部分水中的陰、陽離子都會被去除了是其特點。

二、用途

1. 二床三塔製造純水時使用。
2. 大水量去除水中陽離子時使用。

三、特性

1. 二床三塔可大量生產純水。
2. 可全自動再生,操作簡便。

3. 純水製造成本低。

四、設計選用

依所需處理的水量，由表2-4-1中，流速×面積即得處理水量，再從對出的表中得知所需使用的陽離子樹脂量及槽體的主要尺寸，如：槽體直徑、高度、鐵板厚度、進水管及反洗管管徑、槽體製造成本等。

五、陽離子交換樹脂塔（K塔）再生操作說明

1. 簡圖：

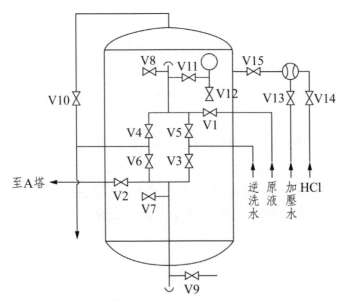

V1：原液入口凡而　　　　　　　V2：原液出口凡而
V3：反洗入水凡而　　　　　　　V4：反洗出水凡而
V5：清洗入水凡而　　　　　　　V6：清洗出水凡而
V7：空氣壓入凡而　　　　　　　V8：空氣壓入凡而
V9：底部排水凡而　　　　　　　V10：空氣逸氣凡而
V11：壓力計入水凡而　　　　　　V12：壓力計出水凡而
V13：抽HCl壓力水凡而　　　　　V14：HCl入口凡而
V15：8%HCl入口凡而

表2-4-1　陽離子交換樹脂槽之規格表

型號	樹脂量 Resin Litere	濾速 VF MPH	濾積 AF m²	周圍 Ft	主要尺寸 器徑×高度×板厚 mm	配管 濾 1N	配管 洗 1N	鋼材 kg	桶身	配管	配件 萬元	凡而	油漆	小計 萬元
TP-DA-0050	50	7-14	0.07	3'	290 φ ×1525 H×3.2 t	3/4	3/4		0.35	0.26	0.35	0.18	0.15	1.35
0075	75	11-33	0.09	3.5'	340 φ ×1525 H×3.2 t	1	3/4		0.40	0.25	0.35	0.20	0.20	1.55
0100	100	7-21	0.14	4'	390 φ ×1525 H×3.2 t	1	1		0.45	0.30	0.35	0.22	0.22	1.70
0150	150	6-17	0.18	5'	489 φ ×1525 H×4.5 t	1	1		0.55	0.30	0.35	0.25	0.25	1.85
0200	200	15-27	0.26	6'	580 φ ×1525 H×4.5 t	1½	1		0.65	0.35	0.36	0.30	0.30	2.16
0250	250	11-19	0.36	7'	680 φ ×1525 H×4.5 t	1½	1		0.70	0.35	036	0.35	0.35	2.26
0300	300	9-15	0.47	8'	780 φ ×1525 H×4.5 t	1½	1		0.80	0.35	036	0.40	0.40	2.45
0400	400	9-15	0.47	8'	780 φ ×1830 H×4.5 t	1½	1½		0.85	0.40	0.36	0.50	0.50	2.75
0500	500	14-25	0.59	9'	870 φ ×1830 H×4.5 t	2	1½		0.95	0.55	0.38	0.60	0.60	3.25
0600	600	14-25	0.59	9'	870 φ ×1830 H×4.5 t	2	1½		0.95	0.55	0.38	0.60	0.60	3.25
0800	800	11-20	0.74	10'	970 φ ×1830 H×4.5 t	2	2		1.10	0.65	0.38	0.70	0.70	3.66
1000	1000	15-19	1.06	12'	1160 φ ×1830 H×4.5 t	2½	2		1.25	0.80	0.40	0.80	0.80	4.20
1500	1500	13-18	1.05	15'	1450 φ ×1830 H×4.5-6 t	3	2		1.85	0.90	0.43	1.00	1.00	5.06
2000	2000	15-35	2.14	17'	1650 φ ×1830 H×6.0 t	4	2½		2.30	1.10	0.45	1.10	1.10	6.30
2500	2500	10-25	2.96	20'	1940 φ ×1830 H×6.0 t	4	3		2.95	1.20	0.45	1.30	1.30	7.40
3000	3000	9-21	3.56	22'	2130 φ ×1830 H×6.0 t	4	3		3.30	1.20	0.45	1.40	1.40	7.90
3500	3500	8-19	3.90	23'	2230 φ ×1830 H×6.0 t	4	3		4.25	1.20	0.45	1.60	1.60	9.20
4000	400	16-22	4.64	25'	2430 φ ×1830 H×6-8 t	5	4		4.55	1.50	0.50	1.80	1.80	10.65
4500	4500	16-22	4.64	25'	2430 φ ×1830 H×6-8 t	5	4		4.55	1.50	0.50	1.80	1.80	10.65
5000	5000	14-19	5.39	27'	2620 φ ×1830 H×6-8 t	5	4		5.40	1.50	0.50	2.00	2.00	11.80

2. 操作步驟說明

    (1) 採液

        (A)開啟V1及V10使K塔注入滿液至V10有溢出溢為止，再關V10，開V11觀察壓力計指針不再升高為止。

        (B)徐開V2通入A塔。

    (2) 反洗

        (A)打開PUMP。

        (B)開V3及V4，使反洗水由下往上沖洗10～15分後關V3、V4。

    (3) 靜置/排水

        (A)停掉PUMP。

        (B)逆洗終止後，打開KV10、KV6，排水至樹脂床上方約10公分左右。

        (C)靜止放置2分鐘。

    (4) 注酸

        (A)打開PUMP。

        (B)打開KV13、KV14、KV15及KV6，注入約8%HCl溶液30～40分鐘。

        (C)俟HCl液位達設定點後關閉KV14。

    (5) 押出

        (A)保持PUMP運轉。

        (B)上述注酸步驟時間，到時關閉KV14即可。

        (C)繼續維持KV13、KV15、KV6打開，押出時間約30～40分鐘。

    (6) 清洗

        (A)保持PUMP運轉。

        (B)關閉KV13、KV15，打開KV1、KV6，清洗至水質達設定標準，此點水質設定$10 \times 10^4 \Omega$-CM。

3. 操作程序表

操作順序	程序名稱	操作時間（分）	凡而開啟
1	反洗	10～15	KV3、KV4
2	靜止/排水	2～5	KV6、KV10
3	注酸	30～40	KV6、KV13、KV14、KV15
4	押出	30～40	KV6、KV13、KV15
5	清洗	--	KV1、KV6
6	採液	--	KV1、KV2

六、CCR（逆向再生）之陽離子交換樹脂塔（K塔）的操作維護說明

1. 採水說明
   (1) 碳濾水由樹脂塔上方進入經陽離子交換樹脂以吸附水中陽離子物質，並交換出氫陽離子，因此，處理水中含鹽酸、硫酸、碳酸等游離礦酸。
   (2) 其脫陽離子程序化學式：
      (A) $2ReH + Ca(HCO_3)_2 \rightleftarrows (Re)_2Ca + H_2O + CO_2$。
      (B) $2ReH + 2NaHCO_3 \rightleftarrows ReNa + H_2O + CO_2$。
      (C) $ReH + NaCl \rightleftarrows ReNa + HCl$。
      (D) $2ReH + Na_2SO_4 \rightleftarrows 2ReNa + H_2SO_4$。
      上式中Re表示陽離子交換樹脂
   (3) 上述化學反應中反應程序係為可逆性，當採水時，樹脂呈氫型反應由左向右進行，俟反應達終點，氫離子被消耗盡，直到鈉離子洩露出來，此即為採水終點，每週期採水終點時，需進行再生工作，以恢復樹脂交換能力。
   (4) 採水終點可經由K塔處理水pH值上昇或A塔出水比抵抗低

下測知。

2. 逆洗或表洗

(1) 逆洗功能：洗除樹脂床上方堆積之懸浮固體物

(2) 逆洗係水由下方經樹脂床上方實行之具有鬆動及重新分級樹脂床之功效。

(3) 不足或不適當之逆洗，容易造成樹脂床污染，水道現象及損失交換能力。

(4) 最適當逆洗速率係能夠使樹脂膨脹50～75%，而不洗出樹脂為原則。

(5) 逆洗時間約10至20分。

(6) 逆向再生需保持樹脂床離子分布以達最高再生效率。

(7) 為達此上述目的，通常僅給予表洗，至於逆洗次數，僅為表洗20至40比1，或當樹脂交換能力顯示大量降低時，才給予反洗。

(8) 表洗時，水由表洗上方給引入由樹脂塔最上方排出口洗出，下方樹脂床不會因此而受搖動。

3. 注酸（再生）

(1) 當樹脂交換能力達飽和點時，以鹽酸稀釋溶液4%，由樹脂塔下方往上方通入實行逆向再生。

(2) 再生廢液由表洗水進入管排出，並導入廢酸循環水槽，再以循環水泵浦，將廢酸設定量由上方進水管導入，做為壓住樹脂床浮動壓力水之用，再由表洗管排入廢酸循環水槽，如此循環有效地利用廢酸再生，使再生液達最高使用效率，降低排酸廢液濃度。

(3) 陽離子交換樹脂再生化學式表示：

(A)$(Re)_2Ca + 2HCl \rightleftarrows 2ReH + CaCl_2$。

(B)$ReNa + HCl \rightleftarrows ReH + NaCl$。

(4) 鹽酸再生液貯存在12 m^3FRP貯槽內，再生時鹽酸經由空

氣作動式定量泵浦打出與純水稀釋泵浦送出之純水混合成
濃度4%鹽酸再生溶液。

(5) 純水稀釋端裝設一組流量確定控制器，俟其流量達設定
點時，才啟動鹽酸定量泵浦，否則不予啟動，此種安
全措施，考慮當無純水打出時，僅鹽酸送入樹脂槽之缺
點。

4. 初步再生

(1) 樹脂槽內新樹脂行最初再生時，需採用倍量鹽酸及雙倍注
酸時間。

(2) 以下措施係為採水循環提供完全轉換型氫離子交換樹脂。

(3) 往後再生程序中，只要遇到逆洗實行時，就必須採用兩倍
鹽酸量再生，以確保樹脂交換能力。

5. 慢洗

(1) 當酸注入樹脂床後，為促進再生劑最大效率，必須使用純
水壓出停留在樹脂床之餘酸，且同生程序速率及路徑。

(2) 在此程序中，使用原水當堵住樹脂床壓力水以代替廢酸循
環水。

(3) 壓出樹脂床內殘餘酸之純水量約為樹脂床體積之1至1.5
倍。

6. 快洗

(1) 當慢洗完成後，為確定完全壓出樹脂床內殘餘酸及洗出純
水純度，必須再以快速清洗程序實行之。

(2) 本塔快洗時間以程序控制器6800 A內設定之。

2-5 陰離子交換樹脂槽

一、機械原理

　　陰離子交換樹脂槽的功能就是要去除水中之陰離子的，所以所用的交換樹脂是帶陽性的樹脂，是帶正電的，才可以吸附水中帶負電的陰離子。

　　陰離子交換樹脂槽所用的再生藥劑是NaOH，利用NaOH中的OH^-離子取代吸附在樹脂上的陰離子，使吸滿水中陰離子的樹脂能把陰離子排除，而重新具有再吸附陰離子的能力，所以此種樹脂也稱為OH^-型樹脂。

　　陰離子樹脂槽一般與脫氣塔及陽離子樹脂槽同時被設置，形成所謂的二床三塔系統，經過此系統的水即為純水，純度一般可達10萬Ω/cm^2，其純度雖不高，但可大量生產純水，生產純水成本低，操作簡便，大部分水中的陰、陽離子都會被去除了是其特點。

二、用途

1. 二床三塔製造純水時使用。
2. 大水量去除水中陰離子時使用。

三、特性

1. 二床三塔可大量生產純水。
2. 可全自動再生，操作簡便。
3. 純水製造成本低。

四、設計選用

　　依所需處理的水量，由表2-5-1中，流速×面積即得處理水

表2-5-1　陰離子交換樹脂槽之規格表

項目 型號	樹脂量 Resin Litere	濾速 VF MPH	濾積 AF m²	周圍 Ft	主要尺寸 器徑×高度×板厚 mm	配管 濾 1N	配管 洗 1N	銅材 kg	製造成本 桶身 (萬元)	配管	配件	凡而	油漆	小計 (萬元)	濾材 (萬元)
TP-DA-0050	50	11-14	0.07	3'	290 φ ×1525 H×3.2 t	3/4	3/4		0.35	0.20	0.35	0.18	0.15	1.35	
0075	75	11-33	0.09	3.5'	340 φ ×1525 H×3.2 t	1	3/4		0.40	0.25	0.35	0.20	0.20	1.55	
0100	100	7-21	0.14	4'	390 φ ×1525 H×3.2 t	1	1		0.45	0.30	0.35	0.22	0.22	1.70	
0150	150	6-17	0.18	5'	485 φ ×1525 H×4.5 t	1	1		0.55	0.30	0.35	0.22	0.25	1.85	
0200	200	15-27	0.26	6'	580 φ ×1525 H×4.5 t	1½	1		0.65	0.35	0.36	0.30	0.30	2.10	
0250	250	11-19	0.36	7'	680 φ ×1525 H×4.5 t	1½	1		0.70	0.35	0.36	0.30	0.35	2.20	
0300	300	9-15	0.47	8'	780 φ ×1525 H×4.5 t	1½	1		0.80	0.35	0.36	0.30	0.40	2.45	
0400	400	9-15	0.47	8'	780 φ ×1830 H×4.5 t	1½	1½		0.85	0.40	0.36	0.38	0.50	2.75	
0500	500	14-25	0.59	9'	870 φ ×1830 H×4.5 t	2	1½		0.95	0.55	0.38	0.43	0.60	3.25	
0600	600	14-25	0.59	9'	870 φ ×1830 H×4.5 t	2	1½		0.95	0.55	0.38	0.43	0.60	3.25	
0800	800	11-20	0.74	10'	980 φ ×1830 H×4.5 t	2	2		1.10	0.65	0.38	0.50	0.70	3.66	
1000	1000	15-19	1.06	12'	1160 φ ×1830 H×4.5 t	2½	2		1.25	0.80	0.40	0.55	0.80	4.20	
1500	1500	13-18	1.65	15'	1450 φ ×1830 H×4.5-6 t	3	2		1.85	0.90	0.43	0.60	1.00	5.26	
2000	2000	15-35	2.14	17'	1650 φ ×1830 H×6.0 t	4	2½		2.30	1.10	0.43	0.70	1.10	6.30	
2500	2500	10-25	2.96	20'	1940 φ ×1830 H×6.0 t	4	3		2.95	1.20	0.45	0.82	1.30	7.40	
3000	3000	9-21	3.56	22'	2130 φ ×1830 H×6.0 t	4	3		3.30	1.40	0.45	0.82	1.40	7.90	
3500	3500	8-19	390	23'	2230 φ ×1830 H×6.0 t	4	3		4.25	1.40	0.45	0.82	1.60	9.20	
4000	4000	16-22	4.64	25'	2430 φ ×1830 H×6-8 t	5	4		4.55	1.50	0.50	1.33	1.80	10.65	
4500	4500	16-22	4.64	25'	2430 φ ×1830 H×6-8 t	5	1		4.55	1.50	0.50	1.33	1.80	10.65	
5000	5000	14-19	5.39	27'	2620 φ ×1830 H×6-8 t	5	4		5.40	1.50	0.50	1.33	2.00	11.80	

量，再從對出的表中得知所需使用的陰離子樹脂量及槽體的主
要尺寸，如：槽體直徑、高度、鐵板厚度、進水管及反洗管管
徑、槽體製造成本等。

五、陰離子交換樹脂塔（A塔）再生操作說明

1. 簡圖（A塔）：

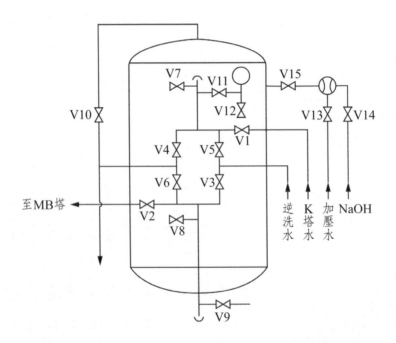

V1：原液入口凡而	V2：原液出口凡而
V3：反洗入水凡而	V4：反洗出水凡而
V5：清洗入水凡而	V6：清洗出水凡而
V7：空氣壓入凡而	V8：空氣壓入凡而
V9：底部排水凡而	V10：空氣逸氣凡而
V11：壓力計入水凡而	V12：壓力計出水凡而
V13：抽NaOH壓力水凡而	V14：NaOH入口凡而
V15：4%NaOH入口凡而	

2. 操作步驟說明

(1) 採液

   (A)開啟V1及V10使A塔注入滿液至V10有溢出溢為止，再關V10，開V1觀察壓力計指針不再升高為止。

   (B)徐開V2通入MB塔。

(2) 反洗

   (A)打開PUMP。

   (B 開V3及V4，使反洗水由下往上沖洗10～15分後關V3、V4。

(3) 靜置/排水

   (A)停掉PUMP。

   (B)逆洗終止後，打開AV10、AV6，排水至樹脂床上方約10公分左右。

   (C)靜止放置2分鐘。

(4) 注鹼

   (A)打開PUMP。

   (B)打開AV13、AV14、AV15及AV6，注入約8%HCl溶液30～40分鐘。

   (C)俟HCl液位達設定點後關閉AV14。

(5) 押出

   (A)保持PUMP運轉。

   (B)上述注酸步驟時間，到時關閉AV14即可。

   (C)繼續維持AV14、AV15、AV6打開，押出時間約30～40分鐘。

(6) 清洗

   (A)保持PUMP運轉。

   (B)關閉AV13、AV15，打開AV1、AV6，清洗至水質達設定標準，此點水質設定$20 \times 20^4 \Omega$-CM。

3. 操作程序表

操作順序	程序名稱	操作時間（分）	凡而開啓
1	反洗	10～15	AV3、AV4
2	靜止/排水	2～5	AV6、AV10
3	注鹼	30～40	AV6、AV13、AV14、AV15
4	押出	30～40	AV6、AV13、AV15
5	清洗	--	AV1、AV6
6	採液	--	AV1、AV2

六、CCR（逆向再生）之陰離子交換樹脂塔（A塔）的操作維護說明

1. 原理說明
   (1) 本塔使用Dowex SBR-P強鹽基性陰離子交換樹脂，此種樹脂乃介於傳統式Gel type及高有機物負荷性性質之間，能交換水中各種陰離子如氯鹽、硫酸鹽、二氧化碳及矽酸鹽類。
   (2) 經由陽離子交換樹脂處理後所得之氫離子物質與陰離子交換樹脂塔出口之氫氧離子給合成純粹水分子之純水。
2. 採水
   (1) 為達成高操作效率，並降低矽酸鹽洩露等目的，本塔類同陽離子塔應採用逆向再生方式。
   (2) 採水階段係將脫氣塔除去二氧化碳之脫碳水由陰離子塔上方打入經樹脂床交換後由底部排出。
   (3) 採水階段代學反應如下：
   (a) $ReOH + HCl \rightleftarrows ReCl + H_2O$。
   (b) $2ReOH + H_2SO_4 \rightleftarrows (Re)_2SO_4 + 2H_2O$。

(4) 所有酸性電解質將被陰離子樹脂除去。

(5) 從陽離子交換塔洩露出來之鈉離子將與陰離子塔出水結合成氫氧化鈉電解質。

(6) 矽酸鹽或矽酸離子將完全被陰離子樹脂吸附，因此，其洩出量僅能以PPb估計之。

(7) 採水終點能直接從矽酸洩露量突增及比抵抗值突降等兩大原因觀察得之。

3. 表洗或逆洗

(1) 為增加逆向再生效率，必須控制樹脂內矽酸含量最少，因此才能使再生劑有效地用來再生樹脂。

(2) 除非絕對需要，否則不予逆洗，經常採用表洗代替逆洗，其洗滌次數比例約為20～50：1。

(3) 儘管只有少量懸浮固體物，經由脫碳酸水帶至陰離子樹脂床，為延長操作壽命，除經常宙行表洗外，應定期施以逆洗，藉此移除樹脂床上方所堆積之懸浮固體物，並鬆動樹脂防止硬塊發生。

(4) 逆洗時間約為：10～20分鐘，注意逆洗速率，否則將沖出樹脂。

4. 注鹼（再生）

(1) 同陽離子交換塔，氫氧化鈉溶液經由塔下方送入，從表洗管排出，並導入廢鹼循環槽，此時，廢鹼循環泵浦，將廢鹼經由塔上方管送入與再生液同時從表洗管排出。

(2) 此時，廢鹼循環量控制一定，以確保逆向再生時，樹脂床不受浮動影響。

(3) 陰離子交換樹脂再生化學式如下：

(a) $ReCl + NaOH \rightleftarrows ReOH + NaCl$。

(b) $(Re)_2 SO_4 + 2NaOH \rightleftarrows 2ReOH + Na_2SO_4$。

(4) 氫氧化鈉原液45%貯存在12 m^3鋼身同內，藉著氣動式定量泵浦打出，與純水稀釋水混合成4%氫氧化鈉溶液導入樹脂床內實行再生。

(5) 氣動式定量泵浦受純水流量控制器控制，當純水不足或無送水狀況時，控制器感應不予啟動定量泵浦，此為安全措施，防止氫氧化鈉因無純水稀釋水時，獨自打入床內再生，因此高濃度影響樹脂床壽命。

5. 慢洗

(1) 當再生注鹼依所設定時間再生完成後，轉接慢洗，此程序循再生路徑，但僅關閉氫氧化鈉定量泵浦及出口控制閥即可。

(2) 慢洗所需水量為樹脂床3～4倍。

(3) 此程序所需壓住樹脂床壓力水，可由脫碳酸水代替。

6. 快洗

(1) 使用脫碳酸水為快洗樹脂床之用，洗至比抵抗升高或矽酸含量達所設定值為止，其所需水量約6～8倍床體積。

(2) 洗至所需水質後，自動接轉採水步驟。

7. 初步再生

(1) 當樹脂塔新填裝樹脂或經過逆洗後，建議採用雙倍一般再生劑用量，並比例延長再生時間方式來再生樹脂。

(2) 此為考慮完全轉換樹脂成氫氧離子型式所必須，如此即可轉接採水。

8. 程序作說明

本CCR處理系統設計為可全自動、半自動及手動再生操作方式，其操作方式簡述如後：

(1) 全自動再生操作方式

(A) 將K/A.MB塔程序控制器6800A選擇開關至「全自動」位置。

(B) 將6800A控制器上方program/RUN按鈕轉至「RUN」

　　　　位置。

　　(C)整個再生程序由A塔出口水質測定器設定值決定自動
　　　　再生程序。

　(2) 半自動再生操作方式

　　(A)將K/A.MB塔程序控制器選擇開關至「半自動」位
　　　　置。

　　(B)將6800A控制器上方program/RUN按鈕轉至「RUN」
　　　　位置。

　　(C)手按「手動再生」按鈕，此為Start再生按鈕，一經啟
　　　　動後，即可自動完成整個再生程序。

　(3) 手動再生操作方式

　　(A)將K/A.MB塔程序控制器選擇開關至「手動」位置。

　　(B)將6800A控制器上方program/RUN按鈕轉至「RUN」
　　　　位置。

　　(C)TAP/凡而選擇開關操作方式有二種情況：

　　　(a) 若採TAP/凡而開關轉至「TAP」位置時，即再生
　　　　　程序步驟採用Step逐漸手按TAP開關驅便步驟前
　　　　　進。

　　　(b) 若將TAP/凡而開關轉至「凡而」位置時，此時係
　　　　　為現場（Local）操作控制盤內每個控制閥按鈕，
　　　　　操作每個按鈕係指每一控制閥開關各有編號對照。

9. 6800A程序控制器操作說明

　(1) 6800A程序控制器盤面符號說明

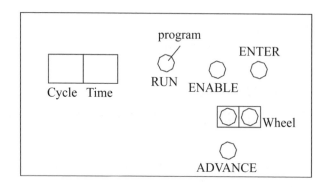

Cycle：LED顯示再生時步驟數。

Time：每個再生步驟所設定之指示時間，倒數計數。

program/RUN：當按鈕搬至RUN時，表示程序運轉具有輸出信號功能，轉至program時，僅具有改變步驟，但無輸出動作功能。

ENABLE/ENTER：輸入每個步驟（Step）所設定之時間數。

ADVANCE：表示漸趨步驟按鈕。

Wheel：時間轉輪，具有00至99分鐘範圍時間可設定。

(2) 程序步驟輸入時間說明：

(A) 將program/RUN按鈕轉至「program」。

(B) 手按ADVANCE，Cycle顯示01：表示第一步驟。

(C) 轉動Wheel（時間轉輪）轉至所需時間。

(D) 先按下ENABLE，同時按下ENTER。

(E) 依序放掉ENTER，再ENABLE。

(F) 以上手續完成第一步驟所需設定時間之輸入。

(G) 再按下ADVANCE，Cycle顯示02，此為第二步驟之指示。

(H) 依上述(A)至(E)項重複動作，達到所需步驟數完全設定輸入為止。

(I) 本程序控制器共有19個Step，若程序僅用8個Step，第

9個Step後，一律將時間設定為「00」，且需逐項輸入。

(3) 此程序控制係為一種時間在99分鐘內，每個步驟皆可依實際需要設定調整來改變程序步驟，但一般在試車時，已將其設定完整，若無重大水質變動，應可維持原設定狀態，且需特別注意，若萬一需要改變程式時間時，務必照會主管，以照所有操作人員避免操作危機。

(4) 當再生遇到逆洗（反洗）次數時，務必改變6800A控制器所設定之時間，尤其是注酸及注鹼所設定時間應予加倍，另有列表說明之。

2-6 脫氣塔

壹、自然通風式脫氣塔

一、機械原理

自然通風式脫氣塔一般為方型四層的塔狀鋼材焊製結構，最上層的入水處有蜈蚣式的散水管及防止水花四溢的擋水板，每一層底部都有鋼網，鋼網上每層間應保持30～50 cm的高度，使向下流的水滴有充分有時間，可與空氣接觸，每層都要放置5～10 cmØ的焦碳，使水柱分散致更易與空氣接觸，而達到曝氣的功能。

二、用途

1. 淨水廠讓地下水中的Fe^{++}、Mn^{++}可氧化成Fe^{+++}、Mn^{++++}，以利形成氫氧化物沉澱用。
2. 廢水廠讓水溫降低用。

三、特性

1. 不需動力，可省電。
2. 立體結構，不占空間。
3. 若用SUS鋼材，永不故障，不需維修。
4. 若是染整廢水降溫用，還可去除水中的綿絮等雜物。

四、設計選用

由欲處理的水量，查表2-6-1，即可得自然通風式脫氣塔的主要尺寸，如器徑、高度、板厚及進水管尺寸。

貳、強制通風式脫氣塔

一、機械原理

強制通風式脫氣塔也稱脫氣塔，主要功能是要把水中易揮發的氣態成分趕出水體，使成為氣體散放至大氣中，其機械構造與處理廢氣的水洗塔（SCRUBBER）相近，都有散水設備、拉西環、循環水槽等設備，惟水洗塔是要把廢氣中易溶於水的SO_X、NO_X或細小粉塵溶至水中，而使排放的廢氣達到淨化功能，所以兩者的目的不同，但使用的硬體設備相同，都是要讓水與空氣能充分混合接觸攪拌，而達到物質交換的目的。

最上層的除霧器，是要讓高濕度的水氣直接撞擊到傾斜浪板，使水分子因撞擊而形成水滴，流回循環水槽，才不致造成外排的氣體含水分太高，猶如有污染的白色廢氣，使附近居民觀感不好而抗議。

下方散水噴頭及拉西環都是要增加水與空氣的接觸面積，使處理效能提昇。

表2-6-1 自然通風式脫氣塔之規格表

型號	處理水量 CAPACITY CMH	周圍 Ft	面積 m²	主要尺寸 器徑×高度×板厚 mm	進水管 IN	銅材 kg	角鐵 KG	製造成本 塔身	配件 萬元	油漆	合計 萬元
TP-AN-005	<5		0.2	450×450×1500 H×2.0 t	1½						
010	5~10		0.4	650×650×1500 H×2.0 t	2						
025	11~25		1.0	1000×1000×1800 H×2.0 t	2½						
035	26~35		4.4	1200×1200×1800 H×3.2 t	3						
050	36~50		2.0	1400×1400×1800 H×3.2 t	4						
075	51~75		3.0	1730×1730×1800 H×3.2 t	4						
100	76~100		4.0	2000×2000×1800 H×3.2 t	5						
150	101~150		6.0	2400×2400×1800 H×3.2 t	6						
200	151~200		8.0	2800×2800×1800 H×3.2 t	8						
360	121~300		12.6	2800×2800×1800 H×3.2 t	8						

最下方的循環水槽可視狀況調整一下pH值，或定期從槽體下方排水清洗水槽。

二、用途

1. 二床三塔系統製造純水時使用。
2. 可當廢氣的洗滌塔使用。
3. 可作氣體降溫時使用。

三、特性

1. 占地小、效率高。
2. 需鼓風機當動力吹氣。

四、設計選用

由欲處理的水量，直接查表2-6-2，即可求得脫氣塔的直徑、高度、鐵板厚度、及鼓風機的風量、風壓、馬力數等資料。

2-7 純水混床塔

一、機械原理

純水混床塔中同時含有陽離子交換樹脂及陰離子交換樹脂，故可同時去除水中的陰離子及陽離子。其原理是當陰、陽離子都上、下層分離且分別再生完時，將槽中的水位排降至樹脂上方5 cm，再以空氣由下往上注入5 mins，使槽中的陰、陽樹脂能充分攪拌混合均勻，以便採水時能靠陰、陽樹脂把水中的陽、陰離子立即吸附。

表2-6-2　強制通風式脫氣塔之規格表

項目 型號 單位	處理水量 CAPACITY CMH	主要尺寸 周圍 Ft	面積 m²	器徑×高度×板厚 mm	進水管 1N	鼓風機 容量 Nm²/h	壓力 mmAq	馬達 HPXD	銅材 KG	塔身	配管	油漆 萬元	風機	馬達	合計 萬元
TP-AF-010	<10	3'	0.18	485φ×2745H×3.2t	1½	350	75	½×2							
020	11~20	6'	0.26	580φ×2745H×3.2t	2	650	75	1×2							
030	21~30	8'	0.47	2780φ×2745H×3.2t	2½	650	75	1×2							
040	31~40	9'	0.59	870φ×2745H×3.2t	3	800	75	1×2							
050	41~50	10'	074	970φ×2745H×3.2t	4	1000	75	2×2							
070	51~70	12'	0.16	1100φ×2745H×4.5t	4	1500	75	2×2							
090	71~90	13'	1.25	1268φ×2745H×4.5t	4	1800	75	2×2							
115	91~115	15'	1.65	1450φ×2745H×4.5t	5	2000	75	2×2							
150	116~150	17'	2.14	1650φ×3050H×4.5t	6	3000	75	3×4							
200	151~200	20'	2.96	1940φ×3050H×4.5t	8	3500	75	3×4							
250	201~250	22'	3.56	2160φ×3050H×6.0t	8	5000	75	5×4							
320	251~320	25'	4.64	2430φ×3050H×6.0t	8	6000	75	7½×4							

　　由於陽離子交換樹脂要用HCl再生，陰離交換樹脂要用NaOH再生，再HCl與NaOH相遇又會立即反應成NaCl與H_2O，所以在再生前，必須利用陽離子交換樹脂的比重比陰離子交換樹脂大之特性，在再生的反沖洗過程完後，要靜置5 mins，使陰、陽樹脂因比重不同致沉降速度不同而下降分離，最後陽離子交換樹脂會在下層，陰離子交換樹脂會在上層，再分別用HCl與NaOH再生，再生時可設定上、下同時再生，也可設定成上、下層分別再生。

　　再生時NaOH由桶槽上方注入，HCl由桶槽的下方注入，再生時離子交換完的廢液均從桶槽中間段的陰、陽樹脂交接面排出。

二、用途

1. 中、小型純水製造時使用。
2. 要同時快速去除水中陰、陽離子時使用。

三、特性

1. 占地小、設備成本低。
2. 製造水的純度高，約可達$1M\Omega/cm^2$以上的純度。
3. 再生系統複雜，一般要用PLC控制以全自動的操控方式，以節省人力。

四、設計選用

　　由欲處理的純水量 = 流速×面積，查表2-7-1，即可求得混床塔的主要尺寸，如：塔直徑、高度、鐵板厚度、通水管及反洗管管徑或製造成本等資料。

表2-7-1 純水混床塔之規格

項目 單位 型號	樹脂量 陽+陰 公升	流速 MPH	面積 m²	周圍 Ft	主要尺寸 器徑×高度×板厚 mm	配管 濾 IN	配管 洗 IN	銅材 KG	製造成本 塔身 萬元	配管 萬元	配件 萬元	凡而 萬元	油漆 萬元	馬達 萬元	合計 萬元
tP-AF-0050	17+34	7-14	0.07	3'	290φ×1525H×3.2t	3/4	3/4		0.35	0.40	0.55	0.18	015	1.80	
0075	25+50	11-13	0.09	3.5'	340φ×1525H×3.2t	1	3/4		0.40	0.45	0.55	0.20	0.20	2.00	
0100	33+66	7-21	0.14	4'	390φ×1525H×3.2t	1	1		0.45	0.50	0.55	0.22	0.22	2.15	
0150	50+100	6-17	0.18	5'	485φ×1525H×4.5t	1	1		0.55	0.50	0.60	0.22	0.25	2.32	
0200	65+130	15-27	0.26	6'	580φ×1525H×4.5t	1½	1		0.65	0.60	0.60	0.30	0.30	2.70	
0250	85+170	11-19	0.36	7'	680φ×1525H×4.5t	1½	1		0.70	0.60	0.60	0.30	0.35	2.80	
0300	100+200	9-15	0.47	8'	780φ×1525H×4.5t	1½	1		0.80	0.60	0.60	0.30	0.40	3.00	
0400	130+200	9-15	0.47	8'	780φ×1830H×4.5t	1½	1½		0.85	0.70	0.60	0.38	0.50	3.35	
0500	170+340	14-25	0.59	9'	870φ×1830H×4.5t	2	1½		0.95	0.90	0.90	0.43	0.60	4.16	
0600	200+400	14-25	0.59	9'	870φ×1830H×4.5t	2	1½		0.95	0.90	0.90	0.43	0.60	4.16	
0800	270+540	11-20	0.74	10'	970φ×1830H×4.5t	2	2		1.10	1.00	0.90	0.50	0.70	4.60	
1000	330+660	15-19	1.06	12'	1160φ×1830H×4.5t	2½	2		1.25	1.30	1.10	0.55	0.80	5.50	
1200	400+800	12-16	1.28	13'	1260φ×1830H×4.5-6t	2½	2		1.45	1.30	1.10	0.55	0.90	5.85	
1500	500+1000	13-18	1.65	15'	1450φ×1830H×4.5-6t	3	2		1.85	1.50	1.10	0.60	1.00	6.65	
2000	650+1300	13-35	2.14	17'	1650φ×1830H×6.0t	4	2½		2.30	1.80	1.25	0.78	1.00	795	
2500	850+1700	10-25	2.96	20'	1940φ×1830H×6.0t	4	3		2.95	2.00	1.25	0.82	1.30	9.15	
3000	1000+2000	9-21	3.56	22'	2130φ×1830H×6.0t	4	3		3.30	2.00	1.25	0.82	1.40	9.65	

五、混床塔操作程序說明

1. 操作前準備事項

    (A)檢查所有管路配管是否正確，包括HCl、NaOH，電氣管路等各種管路是否正確連接，並做標示。

    (B)啟動泵浦，確認轉向是否正確，依泵浦上標示方向為準，若有轉向不對者，更換線路，並檢視泵浦運轉情況，聲音是否正確。

    (C)試壓試漏，將各塔補水，先從排氣凡而放水直至有水從排氣凡而出來，再關閉所有凡而看，管路或凡而是否有漏水現象，直試檢修至皆正常為止。

    (D)檢查HCl及NaOH管路，並將HCl及NaOH計量槽，裝滿藥劑備用本設備採用工業用鹽酸HCl 32%，苛性鈉NaOH 45%，並於HCl及NaOH計量槽水位計標示每次再生用量高度。

    1L的陽離子樹脂用0.1 KG之100%的HCl。

    1L的陰離子樹脂用0.1 KG之100%的NaOH。

    一般工業用HCl為32%。

    一般工業用NaOH為45%。

    HCl需泡製成10%使用。

    NaOH需泡製成5%便用。

2. 混床塔樹脂製造純水原理說明

    強酸性陽離子交換樹脂及強鹽基性陰離子交換樹脂混合而通入RO透過水將水中的電解質全部去除，以得高純度之純水方法。RO透過水中所存陽離子如Ca^{++}、Mg^{++}、Na^+、K^+等被陽離子交換樹脂H型交換成H^+，水中所有陰離子如HCO_3^-、Cl^-、$SO_4^=$、SiO_2、CO_2等陰離子被陰離子交換樹脂OH型交換成OH^-，此時$H^+ + OH^- \rightleftarrows H_2O$而得純度極高之超純水，其反應式如下：

$$R\text{-}(SO_3H)_2 + R(\equiv NOH)_2 + Ca(HCO_3)_2 \rightarrow$$
$$\rightarrow R\text{-}(SO_3)_2Ca + R(\equiv NHCO_3)_2 + 2H_2O \circ$$
$$R\text{-}(SO_3H)_2 + R(\equiv NOH)_2 + MgSO_4 \rightarrow$$
$$\rightarrow R\text{-}(SO_3)_2Mg + R(\equiv N)_2SO_4 + 2H_2O \circ$$
$$R\text{-}SO_3H + R\equiv NOH + NaCl \rightarrow R\text{-}SO_3Na + R\equiv NCl + H_2O \circ$$
$$R\equiv NOH + H_2CO_3 \rightarrow R\equiv NHCO_3 + H_2O \circ$$
$$R\equiv NOH + H_2SiO_3 \rightarrow R\equiv NHSiO_3 + H_2O \circ$$

樹脂再生方式：

以5～10%稀HCl再生陽離子交換樹脂。

以4～5%稀NaOH再生陰離子交換樹脂。

樹脂再生方程式：

強鹽基性樹脂層

$$R\equiv NHCO_3 + NaOH \rightarrow R\equiv NOH + NaHCO_3 \circ$$
$$R(\equiv N)_2 + SO_4 + 2NaOH \rightarrow R(\equiv NOH)_2 + Na_2SO_4 \circ$$
$$R\equiv NCl + NaOH \rightarrow R\equiv NOH + NaCl \circ$$
$$R\equiv NHSiO_3 + 2NaOH \rightarrow R\equiv NOH + Na_2SiO_3 + H_2O \circ$$

強酸性樹脂層

$$R\text{-}(SO_3)_2Ca + 2HCl \rightarrow R\text{-}(SO_3H)_2 + CaCl_2 \circ$$
$$R\text{-}(SO_3)_2Mg + 2HCl \rightarrow R\text{-}(SO_3H)_2 + MgCl_2 \circ$$
$$R\text{-}SO_3Na + HCl \rightarrow R\text{-}SO_3H + NaCl \circ$$

3. 混床塔操作原理及程序說明

(1) 混床塔再生操作原理

混床塔再生操作系利用1組6800A程序控制器連續再生步驟切換完成之。當混床塔出口水質由水質測定器監視測得比抵抗小於設定值10MEG-Ω-CM時，水質計發出訊號，警報響起。按啟再生開始按鈕，即啟動6800A程序控制器，此時6800A依事先輸入再生步驟、時間，依序完成再生工作。6800A每發出一個作動信號時58～10stager多方向控制閥同步被驅動來操作隔膜氣動控制閥，以完成整個再生循環步驟程序。

(2) 混床塔再生程序及步驟時間設定表（參閱附表）

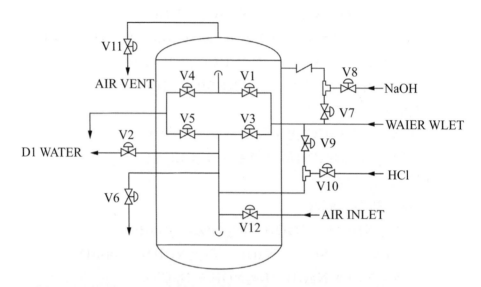

步驟	再生程序	多方控制閥號數	控制閥開啓	時間設定（分）
1	逆洗	1	V3、V4	10～15
2	靜止	2	NONE	5
3	注鹼	3	V7、V8、V6	40
4	慢洗	4	V7、V6	40
5	注酸	5	V9、V10、V6	30
6	慢洗	6	V9、V6	30
7	快洗	7	V1、V3、V6	30
8	排水	8	V11、V5	10
9	空氣混合	9	V11、V12	10
10	終洗	10	V1、V5	20
11	採水	11	V1、V2	--

(3) 再生藥劑種類及使用量

　　 HCl：32%。

　　 NaOH：45%。

六、CCR（逆向再生）之混床塔處理說明

1. 混床塔在此系統中作為一次處理純水之精製塔。

2. 混床塔可視為多重陰陽離子交換塔之串聯使用者，因此其處理水純度極高及矽酸鹽洩露量極微。

3. 混床塔之正確使用，在使用時，需完全混合，再生時，需完全分離，其處理程序如下說明：

(1) 採水

　　陰離子交換塔出水經由混床塔上方進入移除微量電解質離子及矽酸鹽，因為經過混床塔之處理水純度極高及矽酸鹽含量少。

(2) 逆洗

　　當樹脂交換能量喪失時，使水從塔下方引入，藉水力方式來分離陰、陽離子樹脂，陰離子比重較輕，當逆洗時，完全被分離至樹脂床上方與下部之陽離子分離。

(3) 安定

　　樹脂床一旦被逆洗鬆動膨脹後，需完全靜止下來，以利下步驟操作藉以提高再生交換效率。

(4) 注酸、鹼

　　將苛性鈉溶液4～5%由塔上方引入，鹽酸溶液4～5%由塔下方注入，並同時由塔中間排水管排出廢酸鹼。

(5) 慢洗

　　當每週總藥品量注入後，僅關閉鹽酸及苛性鈉出口凡而維持上步驟路徑以行使押出樹脂床內未完全作用之酸鹼。

(6) 快洗

在混合兩種樹脂前，採用陰離子塔出水充分清洗樹脂。

(7) 排水

將樹脂床水位排至樹脂床上方150～300 mm，防止水位太高造成部分再分離及避免樹脂被洗出之慮。

(8) 空氣混合

再生後之樹脂，其比重較接近，因此，需充分以空氣混合以達高效率使用。

(9) 終洗

最後清洗藉以移除殘餘離子含量，清洗至水質及矽酸鹽達設定值後轉接排水使用。

4. 混床塔再生操作程序表：

程序步驟	程序名稱	時間表（分）	凡而開啓
1	逆洗	10～15	MB-3、MB-4
2	安定	10	--
3	注酸鹼	40～50	MB-6A、MB-6C、MB-8、AR-11、AR-12、CR-11、CR-12
4	慢洗	30～40	MB-6A、MB-6C、MB-8、AR-11、CR-11
5	快洗	20～30	MB-1、MB-3、MB-8
6	排水	10	MB-8、MB-9
7	空氣混合	10～15	MB-9、MB-10
8	綜合清洗	20～30	MB-1、MB-5
9	採水	--	MB-1、MB-2

2-8 逆滲透RO系統

一、機械原理

逆滲透RO（Reverse osmosis）系統，是利用高壓水強迫水（H_2O）分子通過微細孔徑的RO膜，而讓雜質或微生物被截留與部分水混合形較高濃度廢水排出的原理，經過RO的水純度很高，不含礦物質或任何陰性、陽性離子，所以RO機製造出來的水是不導電的，可說是純水了，以三腳液位計是不反應的，液位控制需用浮球式的。

由於經過RO系統的水會有兩股水，一股是純化的純水，一股是因純化而被濃縮的廢水，所以RO也常被用於水的濃縮系統。

由於RO膜的孔徑過小，容易結垢，所以要RO的水必須先經前處理系統把Ca^{++}、Mg^{++}等易結垢的金屬離子或有機物去除，微量的雜質亦可靠水流的剪力將膜洗清，但RO膜還是要定時以酸清洗，定時更新。

二、用途

1. 海水淡化。
2. 半導體業製造製程所需純水用。
3. 家庭式的純水製造機。
4. 廢水零排放工程中的廢水濃縮機，如：中華映管公司的廢水零排放工程。
5. 廢水處理工程中的廢水淨化系統，如：基隆天外天垃圾滲出水處理廠系統。

三、特性

1. 可迅速得到高純度的純水。
2. RO膜需定時以酸清洗。
3. RO膜的壽命約3～4年，即需定期更新。
4. 經RO處理過的純水，已無礦物質，人體常期飲用，易得骨質疏鬆症。
5. 海水淡化的最佳利器。

四、設計選用

　　無論家庭用的RO飲水機，或工業用的純水製造設備，都可從需要的水量，對表找到需要的設備尺寸。

五、RO系統原理及操作方法

　　處理所需藥品種類及添加量，膜管清洗殺菌頻率及其藥品選擇做說明。

1. RO處理所需藥品種類及添加量：
   (1) H_2SO_4添加量：具調整RO系統75%RECOVERY RATE製造純水時，其CONCENTRATE（即REJECTION端）溶液水質分析後，代入THE LANGEU INDEX公式算出其值若為負，表示溶液在膜管中，不會造成碳酸鈣污垢沉澱，因此，本案不加入H_2SO_4，即可控制碳酸鈣污垢發生。
   (2) SHMP
   　　Sodinm hexa-metaphosphate（六偏磷酸鈉），藉以防止進入RO系統，水產生硫酸鈣沉澱（石膏），其加入量為10 ppm，因六偏磷酸鈉極易水解成ORTHOPHOST-HATE，而對水作用大大降低，因此六偏磷酸鈉，需每日配備新解溶液使用。

2. 膜管清洗殺菌頻率決定及殺菌藥品種類選擇：

(1) 決定膜管清洗殺菌因素：

(A) 產量變低

(B) 鹽通過率增高

(C) 膜管壓降增加

以上(B)、(C)項係數因素為1.5以上時有清洗必要。

(2) 確定膜管受污染原因：

(A) 金屬氧化物污染：主要發生於第一階段（FIRST STAGE）於清洗廢液端分析金屬離子。

(B) 膠質狀有機物污染：主要發生於第一階段，測量SILT DENSITY INDEX。

(C) 污垢：主要發生於第二階段。

(D) 微生物污染：兩階段可發生，確認進水及鹽水端細菌數。

(3) 殺菌藥品種類選擇：

污染物質類	建議使用洗洗/殺菌溶液
1. 金屬氧化物	2.0wt%檸檬酸 + NH_4OH（pH = 4）或 HCl（pH = 4）
2. 膠質有機物	0.5wt%「BIZ」+ NaOH（pH = 11）清潔劑
3. 污垢	2.0wt%檸檬酸 + NH_4OH（pH = 4）
4. 微生物污物	0.25wt%福馬林 + 0.25%「BIZ」清潔劑

經濟式家用及商業**RO**逆滲透

通過ISO9001國際品保認證

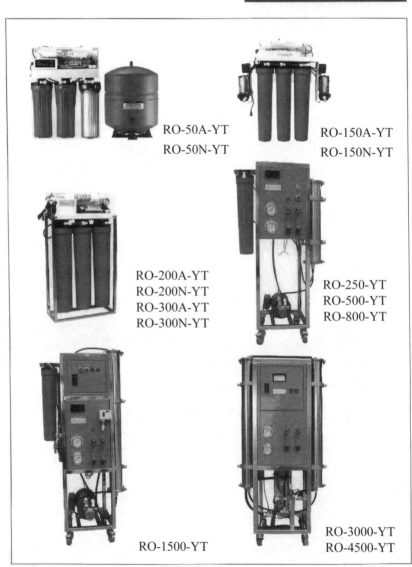

RO-50A-YT
RO-50N-YT

RO-150A-YT
RO-150N-YT

RO-200A-YT
RO-200N-YT
RO-300A-YT
RO-300N-YT

RO-250-YT
RO-500-YT
RO-800-YT

RO-1500-YT

RO-3000-YT
RO-4500-YT

操作壓力：80~100PSI，150~PSI（有*記號）

去除率：90%~97%

獲取率：15~50%

形式	出水量	膜殼/數量	馬達幫浦/電壓	長*寬*高(cm)
RO-50A-YT	50或75G	1812-50G×1	110V/220V	35×20×45
RO-50N-YT	50或75G	1812-50G×1	110V/220V	35×20×45
RO-150A-YT	150G/D	1812-75G×2	110V/220V	65×20×75
RO-150N-YT	150G/D	1812-75G×2	110V/220V	65×20×75
RO-200YT	200G/D	1812-75G×2	110V/220V	45×18×88
RO-300YT	300G/D	1812-75G×3	110V/220V	45×18×88
RO-250YT*	250G/D	2521×1	1/2HP・110V220V	70×40×120
RO-500YT*	500G/D	2521×2	1/2HP・110V220V	70×40×120
RO-800YT*	800G/D	4021×1	1/2HP・110V220V	66×40×120
RO-150YT*	1500G/D	4040×1	1HP・110V220V	66×45×142
RO-3000YT*	3000G/D	4040×2	3HP・220V	77×53×153
RO-4500YT*	4500G/D	4040×3	3HP・220V	77×53×153

（實際尺寸以實品為準）

進水要求條件

a. 進水壓力：> 1.5 kg/cm^2　　　d. 殘氯：< 0.1 ppm

b. 硬度：< 10 ppm　　　　　　　e. 濁度：< 2 NTU

c. 鐵：< 0.1 ppm　　　　　　　　f. SDI：< 4

共同機能說明　※可選配

※a. 微電腦全自動控制操作　　　f. 具迴流調整裝置

※b. 自動定時沖洗裝置　　　　　g. 水質監測

　c. 低壓保護開關　　　　　　　h. 操作壓力設定控制

　d. 滿水停機裝置　　　　　　　i. 前處理系統啟動，均有RO自動停機裝置

※e. 機組馬達附過載保護裝置　　j. 機架全部#304SUS方鋼製作

中大型逆滲透純水系統

RS-250~RS-800

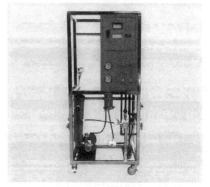
SA-1500~SA-9000

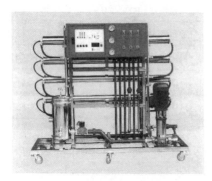
LA5-5000~LA-10000

LA2-12000~LA2-18000

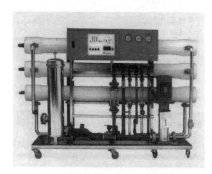
LBW35-5000~LBW-70

● 以上規格250SGP~7M³/H為量產機型。
● 如需更大規格及特殊規格要求，可依客戶
  指定製作。
● 可外加超過濾：K-PLUS或混床。
● 標準配備為單馬達配備，可選配雙馬達。

操作壓力：150~220PSI

去除率：＞97%（有機物質99.9%，膠體細菌99.9%，熱源99.9%以上）

獲取率：50~75%

形式	出水量	膜殼/數量	馬達幫浦/電壓	預濾器	長*寬*高(cm)
RS-250	250 G/D	2521×1	1/3HP, 110V/220V		73×40×113×56
RS-250	500 G/D	2521×2	1/3HP, 110V/220V	8μm, 20"×1	73×40×113×58
RS-800	800 G/D	4021×1	1/2HP, 110V/220V	1μm, 20"×1	73×40×113×60
SA-1500	250 L/H	4040×1	1HP, 110V/220V	5μm, 20"×1	90×70×154×83
SA-3000	500 L/H	4040×2	3HP, 220V/380V	5μm, 20"×1	90×70×154×150
SA-4500	750 L/H	4040×3	3HP, 220V/380V	5μm, 20"×1	90×70×154×168
SA-6000	1M^3/H	4040×4	4HP, 220V/380V	5μm, 20"×2	90×70×154×188
SA-7500	1.25M^3/H	4040×5	5.5HP, 220V/380V	5μm, 20"×2	90×70×154×210
SA-9000	1.50M^3/H	4040×6	5.5HP, 220V/380V	5μm, 20"×2	90×70×154×232
LA-5000	0.9M^3/H	4060×2	3HP, 220V/380V	TK10×1	210×70×178
SA-7500	1.25M^3/H	4060×3	5.5HP, 220V/380V	TK10×1	
SA-1000	1.60M^3/H	4060×4	5.5HP, 220V/380V	TK10×1	
LA2-12000	2M^3/H	4080×4	5.5HP, 220V/380V	TK10×1	210×70×178
LA2-15000	2.5M^3/H	4080×5	5.5HP, 220V/380V	TK10×1	
LA2-18000	3M^3/H	4080×6	5.5HP, 220V/380V	TK10×1	
LBW-36	3.5M^3/H	8080×2	5.5HP, 220V/380V	TK14×1	210×70×178
LBW-50	5M^3/H	8080×3	7.5HP, 220V/380V	TK21×1	
LBW-70	7M^3/H	8080×4	15HP, 220V/380V	TK21×1	

（實際尺寸以實品為準）

進水要求條件

a. 進水壓力：＞1.5 kg/cm^2 　　 d. 殘氯：＜0.1 ppm

b. 硬度：＜10 ppm 　　 e. 濁度：＜2 NTU

c. 鐵：＜0.1 ppm 　　 f. SDI：＜4

共同機能說明

a. 微電腦全自動控制操作 　　 g. 水質監測-數位式原水/純水兩點監控

b. 自動定時沖洗裝置　　　　　h. 操作壓力設定控制
c. 低壓保護開關　　　　　　　i. 前處理系統啟動，均有RO自動停機裝置
d. 滿水停機裝置　　　　　　　j. 附RO清洗藥品迴路
e. 機組馬達附過載保護裝置　　k. 全部 #304SUS方鑛製作，RS型號除外
f. 具迴流調整裝置

2-9　自動混凝式沉澱器

一、機械原理

　　自動混凝式沉澱器兼具混凝及沉澱的功能，與傳統的混凝槽、膠凝槽加沉澱槽的組合相比，占地小、效率高，所以亦稱「急速凝集沉澱槽」，可在進流管中，以管中加藥的方式加入混凝劑，如：PAC，從自動混凝沉澱器中央，即內徑加入助凝劑，如：Polymer及以NaOH控制一下pH值，同時在內徑中設膠羽機，以極慢速攪拌，使形成膠羽，加強沉澱速度。

　　內徑中的混凝區深度，約為自動混凝式沉澱器總高度的一半，若大於一半，水流的方向會擾動沉澱器下部污泥沉澱區中的污泥，污泥會隨水流上昇的衝擊力而上浮，降低沉澱效率。

　　自動混凝沉澱器若為圓形，下半部內縮的腰身部分，應設約10cm高的水流阻礙擋板，使隨膠羽機旋轉的水流不會因旋轉的力量而把污泥帶動上浮，亦可使所加的藥劑與水中污染物能因擋板的撞擊而能充分混合，形成的污泥也可因與擋板撞擊而下滑沉降。

二、用途

1. 小型淨水廠混凝沉澱用。

2. 小型污水廠混凝沉澱用。

3. 占地空間不足時使用。

三、特性

1. 混凝及沉澱功能都在同一槽中完成。

2. 占地小、效率高。

3. 給水、廢水廠都適用。

4. 特別適合用於小型的處理廠。

5. 操作簡單,不需特別保養維護。

四、設計選用

　　由欲設計的處理量,對表2-9-1即可查得自動混凝式沉澱器的主要尺寸,如:上徑、內徑、下徑、高度,進水、排泥之配管管徑及整個槽所需的鋼板重、角鐵量或製造成本都可查得。

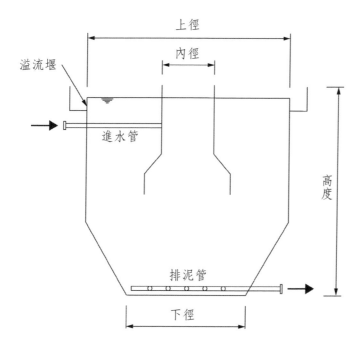

表2-9-1 自動混凝式沉澱器之規格表

項目 型號	處理水量 Capaicty	容積 V	升速 U	主要尺寸				配管		鋼板	角鐵板	製造成本					小計
				上徑	內徑	下徑	高度	進水	排泥			桶身	配管	配件	凡而	油漆	
單位	CMH	m³	MPH	mm	mm	mm	mm	IN	IN	KG	KG	萬元					萬元
TP-CF-010	5~10	10	2.56	2330	680	1160	3000	1½~2	1½	2575	400	6.25	0.91	0.10	0.10	1.0	9.2
020	10~20	20	2.56	3330	970	1650	3000	2~2½	1½	3750	652	9.00	0.08	0.10	0.10	1.4	12.8
030	20~30	30	2.70	3880	970	2330	3000	2½~3	2	4460	760	10.80	1.20	0.15	0.15	1.5	15.2
040	30~40	40	2.81	4370	1160	2330	3500	3~4	2½	5045	870	12.25	1.28	0.20	0.25	1.6	17.2
050	40~50	50	2.81	4850	1160	2430	3500	4	2½	5625	975	1360	1.36	0.25	0.25	1.8	19.0
060	50~60	60	2.84	5340	1260	2620	3500	4	3	6210	1080	15.00	1.50	0.28	0.30	2.0	21.0
070	60~70	70	2.76	5820	1260	2620	3500	4~5	3	6780	1190	16.40	1.75	0.40	0.30	2.1	23.0
080	70~80	80	2.70	6310	1450	2620	3500	5	4	7300	1360	17.92	1.88	0.35	0.35	2.2	25.0
090	80~90	90	3.00	6310	1450	2620	4000	5	4	7540	1460	1805	2.00	0.35	0.35	2.3	26.0
100	90~100	100	2.90	6800	1550	2620	4000	5	4	8310	1675	20.70	2.00	0.35	0.35	2.4	28.5
120	100~120	120	3.00	7280	1550	2620	4000	5~6	4	9200	1885	23.00	2.15	0.35	0.35	2.5	31.2
140	120~140	140	3.09	7770	1650	2910	4000	6	5	1045	2100	25.40	2.25	0.40	0.38	2.6	34.2
160	140~160	160	3.11	8250	1650	3400	4000	6	5	11090	2315	27.70	2.25	0.40	0.38	2.7	36.8
180	160~180	180	3.12	8740	1750	3400	4000	6~8	5	12040	2530	30.20	2.32	0.40	0.38	2.8	39.7
200	180~200	200	3.10	9220	1750	3590	4000	8	5	12890	2700	32.50	2.40	0.40	0.38	2.9	42.5
220	200~220	220	3.10	9710	1940	3790	4000	8	5	13835	2950	34.80	2.40	0.40	0.38	3.0	45.1
240	220~240	240	3.05	10190	1940	3790	4000	8	5	14715	3166	37.10	2.40	0.40	0.38	3.1	47.7

項目 單位 型號	處理水量 Capaicty CMH	容積 V m³	升速 U MPH	主要尺寸 上徑 mm	內徑 mm	下徑 mm	高度 mm	配管 進水 IN	排泥 IN	鋼板 KG	角鐵板 KG	製造成本 桶身	配管 萬元	配件 萬元	凡而	油漆	小計 萬元
260	240~260	260	3.00	10680	2130	3790	4000	8	6	15620	3375	39.30	2.45	0.48	0.37	3.2	50.5
280	260~280	280	2.97	11160	2130	3790	4000	8	6	16405	3500	41.40	2.45	0.48	0.37	3.3	52.9
300	280~300	300	3.06	11410	2330	3980	4000	8~10	6	16905	3700	42.60	2.54	0.48	0.37	3.4	54.5
320	300~320	320	3.10	11650	2330	5050	4000	10	6	17420	3800	43.90	2.62	0.48	0.37	3.5	56.1
340	320~340	340	3.20	11870	2430	5530	4000	10	6	18015	3860	45.30	2.67	0.48	0.37	3.6	57.8
360	340~360	360	3.20	12130	2430	6020	4000	10	6	18700	3915	46.80	2.67	0.48	0.37	3.6	59.4
380	360~380	380	3.30	12380	2620	6500	4000	10	6								
400	380~400	400	3.34	12620	2620	6990	4000	10	6								

工程篇

chapter *3*

給水、純水處理工程之實場案例

3-1 民生淨水場案例——雙溪淨水場

一、設計基準水量：43400CMD

水質：

表3-1　淨水科原水濁度管制表

原水濁度（NTU）	飲用水水質標準	管制值	提異常報告
小於50	2	0.20	60 min
		0.30	15 min
50＜原水濁度≦100	2	0.50	15 min
100＜原水濁度≦200	2	0.60	15 min
200＜原水濁度≦500	4	0.60	15 min
500＜原水濁度≦1500	10	1.00	15 min
1500＜原水濁度≦2000	30	1.00	15 min

表3-2　淨水科出水餘氯管制表

項目	原水濁度≦500 NTU		原水濁度＞500 NTU	
	飲用水標準	管制值	飲用水標準	管制值
長興、公館、直潭、陽明場	0.20～1.00	0.48～0.72	0.20～2.00	0.48～1.02
雙溪場	0.20～1.00	0.48～0.77	0.20～2.00	0.48～1.02
鹿角坑	0.20～1.00	0.33～0.72	0.20～2.00	0.48～1.02

二、機械設備規範

1. 匯流井

尺寸：45 mL×10 mW×2 mH

數量：1池

2. 原水井

   尺寸：Ø33.16 m×2 mH

   型式：圓井

   容量：300 T

   數量：1池

3. 快混池

   尺寸：11.3 mL×6.7 mW×4.5 mH

   加藥機：NaOH×2台，PAC×2台，NaOCl×2台

   數量：1池

4. 膠羽池

   尺寸：19 mL×19 mW×4.5 mH

   攪拌機：3 HP×1台，2 HP×1台，1 HP×1台

   數量：3池

5. 沉澱池

   尺寸：62.5 mL×27 mW×4.5 mH

   數量：2池

6. 快濾池

   尺寸：17 mL×17 mW×1.5 mH

   鼓風機：25 HP×3台

   數量：8池

   附件：水頭損失計、真空泵7.5 HP×2台、流量計、水位計

7. 清水池

   尺寸：800Ø出口，6000 T

   泵浦：75 HP×2台到第一加壓站

   25 HP×2台到溪山配水池

   數量：1池

8. 第一加壓站

   泵浦：70 HP×2台

   容量：300 T

   附件：壓力傳訊器、液位計、流量計

9. 第二加壓站

   泵浦：20 HP×2台

   容量：300 T

   附件：壓力傳訊器、液位計、流量計

10. 第三加壓站

    泵浦：75 HP×2台

    容量：150 T

    附件：壓力傳訊器、液位計、流量計

11. 第四配水池

    容量：150 T

    附件：液位計

12. 溪山配水池

    容量：100 T

    附件：液位計

13. 菁礐溪

    泵浦：30 HP馬達×3台送水至雙溪淨水場匯流井

14. 藥槽

    NaOH×2座（40 T，30 T），PAC×2座（40 T），NaO-Cl×6座（2 T）

    攪拌機：3 HP×4台（NaOH及PAC用）

    附件：液位計

15. 維生系統

    型式：球型水塔

    材質：FRP

容量：10 m³

泵浦：5 HP×2台（清水池內）

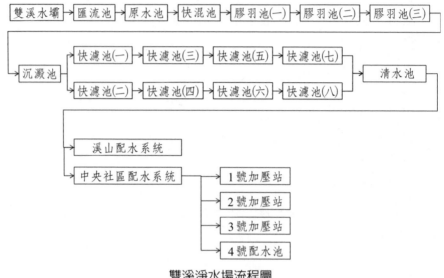

雙溪淨水場流程圖

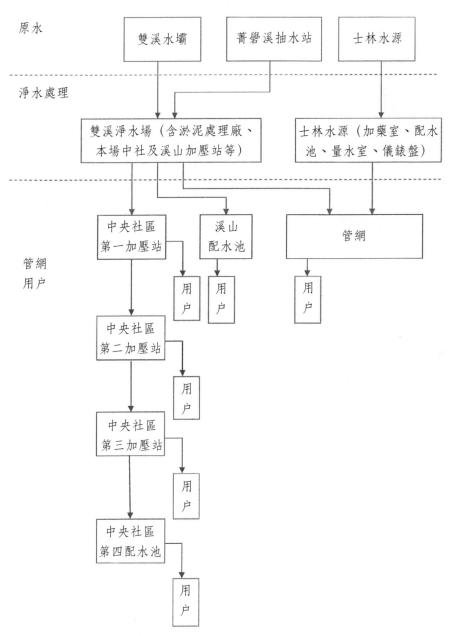

雙溪淨水場水處理及供水架構圖

現場照片：

操作維護廠商：大陸水工股份有限公司

工地主任：盧維權

3-2 工業區淨水場案例──斗六擴大工業區 淨水場

一、設計基準

水量：11000 CMD
原水水質：Fe^{++}：1.7 mg/L
Mn^{++}：0.25 mg/L
濁度：1.0 NTU
處理後水質：Fe^{++}：0.02 mg/L
Mn^{++}：0.01 mg/L
濁度：0.5 NTU

二、機械設備規範

(一)反沖洗泵

1. 用途：安裝於清水池抽水井，供快濾池反沖洗之用。
2. 數量：3組
3. 型式與規格：
   (1) 抽水機規格
      型式：豎軸、水潤、單段離心式抽水機。
      性能：額定點在總揚程9公尺時，出水量15000 CMD，參
         考點在總揚程6公尺時，出水量16900 CMD。
      抽水情況：反沖洗時，抽水4～6分鐘。
      轉速：約1150 RPM。
      操作範圍：5.5公尺至21公尺（或全開至全關）。
      效率：額定點時之效率不得低於78%，參考點時之效率不
         得低於72%，且在操作範圍內所需之馬力，不得大
         於電動機額定數。
      傳動方式：軸心以連接器直接與電動機聯接。

出水口徑：300 m/m需為凸緣接頭；口徑75 m/m以上者，鑽孔尺度應符合JIS-G5527標準規定，出水口凸緣於總揚程未達75公尺者，採7.5 K凸緣鑽孔，75公尺至100公尺者，採10K凸緣鑽孔；口徑50 m/m者。

揚水管：總長（包括揚水管及抽水機）自葉輪底端進水鐘口濾網下緣至基座面約為6公尺。

(2) 電動機規格：

型式：豎軸、鼠籠型感應電動機。

轉速：約1160 RPM。

額定：連續輸出約30 HP，由抽水機製造廠決定，但不能有超載情況，合於帶動上開之抽水機。

效率及功率因數：施工單位需依電動機製造廠之資料，提供電動機在載下50%、75%、100%之效率及功率因數數值。

電源：交流、三相、六十赫、440伏特。

構造：屋外防水、全封密外扇型。

4. 每套附件：

(1) 交貨時需附合格試水記錄正本一份及中文版操作維護說明書五本，若為外文本則應附中文譯本。外國貨另需檢附最近進口證明文件一份。

(2) 壓力表一只：直徑四英寸以上，其刻度以公斤/平方公尺表示，最大刻度約為關閉閥門之最大壓力。

(3) 排氣考克一只。

(4) 不鏽鋼進水濾網一只。

(5) 不鏽鋼基礎螺栓、螺帽全套。

(二)清水泵

1. 用途：安裝於清水池抽水井，抽水至高架水塔，供作配水系統用水。

2. 數量：4組。

3. 型式與規格：

(1) 抽水機規格

型式：豎軸、水潤、單或多段離心式抽水機。

性能：額定點在總揚程65公尺時，出水量5000 CMD，參考點在總揚程50公尺時，出水量6900 CMD。

抽水情況：每月二十四小時連續運轉。

轉速：約1160 RPM。

操作範圍：40公尺至94公尺（或全開至全關）。

效率：額定點時之效率不得低於70%，參考點時之效率不得低於70%，且在操作範圍內所需之馬力，不得大於電動機額定數。

傳動方式：軸心以連接器直接與電動機聯接。

出水口徑：200 m/mØ需為凸緣接頭：口徑75 m/m以上者，鑽孔尺度應符合JIS-G5527標準規定，出水口凸緣於總揚程未達75公尺者，採7.5 K凸緣鑽孔，75公尺至100公尺者，採10K凸緣鑽孔；口徑50 m/m者。

揚水管：總長（包括揚水管及抽水機）自葉輪底端進水鐘口濾網下緣至基座面約為6公尺。

(2) 電動機規格：

型式：豎軸、鼠籠型感應電動機。

轉速：約1750 RPM。

額定：連續輸出約100 HP，由抽水機製造廠決定，但不得有超載情況，合於帶動上開之抽水機。

效率及功率因數：施工單位需依電動機製造廠之資料，提供電動機載下50%、75%、100%之效率及功率因數數值。

電源：交流、三相、六十赫、440伏特。

構造：屋外防水、全封密外扇型。

4. 每套附件：

(1) 交貨時需附合格試水紀錄正本一份及中文版操作維護說明書五本，若為外文本則應附中文譯本。外國貨另需檢附最近進口證明文件一份。

(2) 壓力表一只：直徑四英寸以上，其刻度以公斤／平方公尺表示，最大刻度約為關閉閥門之最大壓力。

(3) 排氣考克一只。

(4) 不鏽鋼進水濾網一只。

(5) 不鏽鋼基礎螺栓、螺帽全套。

(三)沉水式污水抽水機

1. 用途：安裝於回收水貯留池，抽取池內污水至快混池。

2. 數量：2組。

3. 規格典型式

(1) 型式：不阻塞沉水式污水泵。

(2) 設計與製造規格：

性能：揚程及抽水量：

額定點：揚程9 m，抽水量為850 CMD，效率55%。

參考點：揚程8 m，抽水量為1200 CMD，效率61%。

可通過固體：40 mm。

馬達馬力：3 HP。

抽水機轉數：約1750 RPM。

(3) 抽水機構造：

葉輪：封閉不阻塞型，需能通過75 mm固體。葉輪在出廠前已經動力試驗均衡。材質為不鏽鋼製品。

外殼：泵本體外殼為鑄鐵製品，馬達外殼為不鏽鋼品。

(4) 電動機

型式：沉水式，鼠籠型感應電動機為抽水機原廠製品；電動機上端需有接線盤，使電纜與線圈之接線分開，以確保線圈之密封性，線圈需為乾式。

轉速：4 POLE 1750 RPM。

馬力：可連續輸出約3馬力，以帶動上開抽水機，承製商應保證不包合SERVICE FACTOR及超載等情形，最大馬力不得超過3馬力。

效率與功率：承商提供電動在50%、75%及100%負載下之效率與功率因數數值。

起動電流：依照中國國家標準，不得超過該型全載電流6.5倍。

絕緣：需為F級耐溫至155℃。

電源：交流，440伏特，三相，60赫。

4. 每套附件：

(1) 每台抽水機需附自動著脫設備。

(2) 每台抽水機需附二支不鏽鋼導桿及鍊條。

(3) 每台抽水機需附長約10 M電纜。

(4) 控制運轉所需之水銀浮球開關。

(四)污泥抽水機

1. 用途：依圖說及規範所示提供四組抽水機，裝設於回收水沉澱池及濃縮池旁，兩台係用於迴流污泥抽送，另兩台係用於濃縮池污泥之抽送。本設備應為已成功地使用在污泥輸送系統的設計與製程。

2. 數量：4組。

3. 型式與規格

(1) 型式：渦流式污泥抽水機。

(2) 設計條件

額定流量：500 CMD。

總揚程：3 m。

轉速：≦900 rpm。

額定馬力：≦2 HP。

通過粒徑：98 mm固體物而不阻塞。

(3) 產品

(A)通則

泵與驅動設備應律定為連續操作，在正常操作範圍內，均無振顫、孔蝕及震動。抽水機在製造廠建議的穩定操作範圍內，其於最大轉速性能曲線之任一點，馬達均應無過載之虞。

(B)材質

(a) 強度：機殼、構造體、機製零件及驅動器等，應依工業標準有關強度與耐久性之規定，且於操作範圍內可連續運轉。操作係數於適用處假定為1.0。

(b) 軸承：軸承需為抗磨型，其設計之B-10壽命為五年。

(4) 泵構造

(A)通則

渦流抽水機是以水平式裝設，尾端吸入，頂部排出，直結式驅動。

(B)抽水機機殼

抽水機機殼為兩片輻射分離型，具有分離且可移開的吸入口設計，故葉輪可取出而無需移開排出口機殼或擾及排出管線。機殼及機殼吸入片需為密實硬鎳的構造物。機殼厚度至少為19公釐且具正常機殼公差。

(5) 電動機：

數量：計4台。

　　　型式：橫軸實心鼠籠式感應電動機。

　　　轉速：配合抽水機需求。

　　　馬力：電動機馬力不超過2 Hp，且在工作性能曲線上任
　　　　　　何工作點不得有過載。

　　　電源：3相，440 V，60 HZ。

　　　構造：全密閉式屋外防水型。

(五)消防泵

1. 用途：安裝於清水池池頂，利用池內清水供應廠區消防用
　　水。

2. 數量：1組。

3. 規格典型式

　　(1) 型式：全自動消防系統，應為國內品管甲等之工廠製造。

　　(2) 設計與製造

　　　　泵浦與馬達及補助水槽、壓力槽、補助水泵、自動啟動盤
　　　　及其他標準配件連成一體，裝置於共同底座上。

　　　　(A)水泵

　　　　　　容量：750 L/min。

　　　　　　揚程：50 M。

　　　　　　轉速：3,450 rpm。

　　　　(B)馬達：

　　　　　　型式：開放防滴型，大同、東元或新生產品。

　　　　　　出力：約15 HP。

　　　　　　端電源：440 V，3相，60週波。

　　　　　　絕緣等級：E級。

　　(3) 單元控制盤

　　　　操作選擇：自動／手動／測試自由設定。

　　　　動作說明：

　　　　(A)手動操作：手動操作時掀動啟動壓扣、啟動信號線

路，自行保持，並責成電動機運轉，運轉終了。

(B) 自動操作：當消防泵開始放水時，壓力槽水壓將降低，壓力開關所設定之啟動開關動作，並責成電動機運轉。

(4) 壓力槽：

容量：100 L。

耐層能力：25 kg/cm^2。

材質：鐵板焊製，防鏽處理。

配件：壓力表、壓力開關、安全閥、洩水閥。

(六)加藥泵

1. 用途：將化學藥液自供應槽中，依設定之流量需求，泵送至處理系統。

2. 型式：正排量液壓隔膜型定量加藥泵。

3. 設計與製造規範：

(1) 容量需求：各加藥泵及其附件之設計容量功能應符合下表所列額定操作條件下之容量規格需求：

設備代號 （TAG.NO）	CHP-8111 CHP-8112	CHP-8113 CHP-8114	CHP-8122 CHP-8123
總共泵數	2台	2台	2台
加藥種類	12%NaOCl	PAC	polymer
吐出量（L/min）	0.8	0.26	0.7
吐出壓力（kg/cm^2）	10	10	10
脈動緩衝器容量（L）	10	10	10
背壓閥流量（最大）L/hr	250	80	80
馬力（最大）	0.18 KW	0.06 KW	0.09 KW
伺服馬達（Service Motor）	附伺服馬達	附伺服馬達	--
衝程調整	自動／手動	自動/手動	手動

(2) 進出口型式：均以10 K型法蘭連接配PN硬管及配件。

(3) 材質：其進出口部分為球形逆止閥，閥球材質GLASS或SUS316或同等品。

(4) 性能：加藥泵需為正排量單頭液壓隔膜型定量加藥泵，設計應為能承受滿載及釋壓閥設定下安全連續運轉。

(5) 馬達：3 phase，440 volt，60 Hz。

(七) 排水泵

1. 用途：安裝於清水池閥井之集水坑，排除集水坑內積水。

2. 型式：不阻塞沉水式污水泵。

3. 數量：2組。

4. 設計與製造規格：

(1) 功能需求：

項目	DP-4401，4402
額定出水量（lpm）	200
額定效率（%）	--
額定揚程（m）	8
可通過固體粒徑（mm）	35
額定馬達馬力（HP）	1
抽水機轉數（RPM）	1800

(2) 抽水機構造：

葉輪：全密封雙片不堵塞（NON CLDG），需能通過35 mm固體。葉輪在出廠前已經動力試驗均衡，材質為鑄鐵（FC25）。

外殼：鑄鐵（JIS FC25）。

磨損環：進水處有易拆換的磨損環，材質為鐵弗龍。

軸心：軸材質為SUS 410不鏽鋼。

機械軸封：雙重並列式。軸封之間有油室提供潤滑，並有
　　　　　失效監視器。

軸承：上下二付重負荷球型，浸油潤滑。有40000 B-1以
　　　上壽命。

馬達：沉水式鼠籠型感應電動機，並有過熱保護。電源為
　　　3相，440 volt，60 HZ，F級絕緣。

(八)回收水沉澱池刮泥機

1. 用途：安裝於回收水沉澱池，將池底污泥集中至池底中心之
污泥斗，再經由排泥管排除。

2. 數量：1組。

3. 一般說明：

(1) 施工單位需供應及安裝1台刮泥機設備，其位置如設計圖
所示。

(2) 施工單位對本設備、垂直轉軸、迴轉刮泥臂架、污泥刮
鈑、浮渣擋鈑、水阻鈑、出水堰、負載保護裝置、走道和
其他附屬物，能成為一完整之操作單元。

(3) 池直徑6 m，池邊水深3.1 m，池底斜度約1/10本設備除了
驅動設備外，其餘皆可由本地製造。

(4) 採中心進水方式，進流水由進水管流入，並經進水擋鈑導
入於池中。沉澱之污泥藉刮泥鈑集中到池底中心之污泥
斗，然後由排泥管排除。污泥刮鈑之設計需於污泥收集系
統每轉動一次時，能掃過整個池底二次，並且末端速度不
得超過每分鐘2公尺。

(5) 使用電源應為440 V，3Ø，60 Hz。

4. 設計及製造

(1) 材料：除非另有規定，否則本刮泥機使用材料必須依照下
列規範或經本局審核後認可之材料：浸在水中的構造用
鋼，除非另有規定，否則厚度必須在6 mm以上。

(2) 機械裝置支承：本刮泥機應以二支鋼樑支。鋼樑兩端應置於池牆上，經核可容許伸縮之軸承上。鋼樑必須能承受所有結構的重量、活載重和驅動設備的最大扭力矩而不得有變形。

(3) 驅動設備：驅動設備必須適當的設計以驅動刮泥機，不得有過負載，震動或其他缺點。驅動設備之正常連續運轉扭力應不得小於410 kg-M，且該驅動基座之扭力切斷裝置之額定扭力應不得小於574 kg-M。

驅動馬達：驅動馬達所需動力應依所需之扭力而決定，但不符小於1/2 HP初段齒輪減速機：初段齒輪減速機應為渦輪減速機，其輸出軸應與中間齒輪減速機直接連結傳動。初段齒輪減速機組上應附有過載保護裝置，除於輸出軸上應附有剪力鞘外，並應設置扭力開關，當扭力負載趨近於過載時啟動警報，當扭力負載達到設定過載扭力（正常連續運轉扭力之1.2倍）時，需能自動切掉電源。過載保護裝置需附有150 mm直徑之扭力計，以指示輸出扭力。

(4) 過負載保護裝置：齒輪減速馬達必須有過轉矩負載保護裝置，當轉矩負載為正常連續運轉之1.4倍時，必須能自動並即切掉馬達電源，以保護驅動設備。

(5) 走道：自池邊至池中心近驅動機構處，需鋪設走道至操作平台，其構造乃以鋼樑及加鋼材構件支撐，且需有足夠安全之強度以支持每平方公尺250公斤之活荷載重，走道敷設之花紋鋼鈑，厚度最少為4.5 mm（3/16"），操作平台及走道兩邊應裝設直徑50 mm（2"），高度1.1 M之雙層標準之不鏽鋼管扶手欄杆。

(6) 垂直轉軸：垂直轉軸應堅固地聯結於渦輪上，並應其有足夠之強度以承受迴轉刮泥臂架之重量及扭力矩。

(7) 迴轉刮泥臂架：應用兩組結構鋼鈑製成，聯結於垂直轉軸上，本臂架需有足夠之強度以承受驅動之扭力矩。

(8) 浮渣擋鈑應由一錨定於混凝土之可調整支錨所支撐，其與槽壁有適當之間距。本浮渣設備所使用之鋼材，其厚度不得小於4 mm。

(9) 進水阻鈑：由厚度最少為4.5 mm（3/16"）之鋼鈑製成，大部分浸沒於池水中以分散水進流入濃縮池而不產生擾流。

(10)出水堰：應為4 mm厚之不鏽鋼鈑製成，以錨錠螺銓固定於混凝土內，出水堰鈑起應開割V型堰，V型堰必須為一適當之尺寸及數量以操作最大之流量。

(九)快混池攪拌機

1. 用途：用於提供快速攪拌混合快混池之污水，使其於設施添加之化學藥品能迅速與污水混合均勻，達到所需添加。
2. 型式：立式固定型快混攪拌機。
3. 數量：1組。
4. 設計與製造規格：
   (1) 每組攪拌機應能連續執行混合攪拌之運作，且包括驅動馬達、齒輪減速機、攪拌軸與攪拌葉片、軸承、連結器與防震墊等組件。
   (2) 攪拌機支撐基座板應依製造廠商建議之方式製作，其厚度不得少於1/4英吋，且為採不鏽鋼SUS316材質，支撐基座板安裝時應以防震墊直接架設於RC頂板上，且開孔應預先配合預留。
   (3) 驅動裝置包括馬達與減速機，其要求如後：
   (A)馬達為E級絕緣鼠籠TEFC屋外型立式馬達，採用440 V，3Ø，60 HZ電源，其馬力負載規定不得大於0.25 KW馬達及齒輪減速機承載箱，以確保中心對準無偏斜之虞。

(B)減速機為二級減速，其減速齒輪應為內螺旋齒輪，且裝有夾子式簧片，以防超負荷時損壞齒輪。齒輪潤滑油為黃油，且為永久式不需更換。攪拌機之操作轉速應為350 RPM，減速機外殼與馬達應為高品質鑄鐵製品。

(十)膠凝池膠羽機

1. 用途：用於將膠凝池內之污水與所添加之混凝劑，在最佳轉速之下混合，以促進化學膠羽（FLOC）之形成。

2. 型式：立式固定型膠凝攪拌機。

3. 數量：2組。

4. 設計與製造規格：

(1) 每組膠羽機應能連續執行混合攪拌之運作，且包括驅動馬達、齒輪減速機、攪拌軸與攪拌葉片、軸承、連結器與防震墊等組件。

(2) 攪拌機支撐基座板應依製造廠商建議之方式製作，但其厚度不得少於1/4英吋，且為採不鏽鋼SUS316材質。

(3) 驅動裝置包括馬達與減速機，其要求如後：

(A)馬達為F級絕緣鼠籠TEFC屋外型立式馬達，採用440 V，3Ø，60 HZ電源，其馬力負載規定不得大於0.18 KW馬達及齒輪減速機承載箱，以確保中心對準無偏斜之虞。

(B)減速機其減速齒輪應為行星式齒輪，齒輪潤滑油為黃油，且為永久式不需更換。攪拌機之操作轉速應為68 RPM，減速外殼與馬達應為高品質鋁合金或複合材料製品。

(十一)緊急洗眼器

1. 用途：安裝於加藥機房，應能隨時噴灑出大量自來水，沖洗受化學藥液激濺污染臉部部分，減少眼睛身體受損程度，用以維護化學加藥之操作安全。

2. 數量：1組。

3. 型式：固定式立型綜合洗眼器。

4. 品質：本設備可為國內外產品，如電光牌 & Shower C-206B 固定式主型綜合洗眼器等廠製洗眼沖身器；或川富、國偉、BROZN等產品或核可之同等品。

5. 安裝位置：安裝於如設計圖所示之指定地點。

6. 設計及構造規格：

(1) 設計高度：全高≧2.25 m，沖眼器高度 = 1.0 = 0.1 m。

(2) 進水及排水管徑：1～1/4"(32A)。

(3) 承受水壓：應為1.5 KG/cm^{2}以上。

(4) 洗眼器：附洗臉盆，雙口噴頭，且以彈簧式拉桿連接噴頭凡而，拉桿延伸至腳踏板，可由腳踏板控制噴頭凡而開關，以便緊急洗眼之用。

(5) 沖身器：附灑水蓋及散水板，此灑水頭由鏈條拉環控制球座凡而開關，可隨時沖身、淋浴。

(6) 吊環、鏈條、灑水蓋、散水板及安全標誌板等配件及本體應為耐蝕性強之不鏽鋼製品。

(十二)快濾池設備

1. 預鑄混凝土濾板

預鑄混凝土濾板及其支撐牆完成後，其橫向位置、間隔及縱向高程、淨高等容許偏差位均應在±5 m/m以內。

混凝土14天抗壓強度不得小於280 kg/cm^2，水泥配比不得低於7.8包/m^3，粗骨材之粒徑不得大於15 m/m，模具需為堅固準確之鋼模，設計應使不同模具所鑄造成品之容許偏差值不得大於2 m/m。

2. 填縫劑

預鑄混凝土板間之空隙應以適當之填縫劑填塞以防止過濾或

反洗時漏水（或漏氣），填縫劑與預鑄混凝土濾板間隙之黏結強度應能抵抗反洗水及空氣之向上壓力。填填縫劑壽命應達20年以上。

填縫劑應為單波型，需無毒、抗稀鹼、抗稀酸、抗水及適合於自來水系統使用，並持有出口國家環境保護機構或衛生保健機構所發給之證明文件，其品質應符合嚴格的性能測試如下：

(1) 耐久性：經過336小時老化試驗後之強度應在原有強度之80%以上。

(2) 使用溫度範圍：5℃至35℃。

(3) 伸長量：不得小於400%。

3. 快濾池濾水器

(1) 用途：澆築於快濾池之RC濾床上，以均勻分配過濾水及及反沖洗砂水。

(2) 數量：每池1280支，共5120支。

(3) 型式：短管式濾水器。

(4) 設計：濾水器之設計應能分別在承受外壓3.0 kgf/cm^{2}及內壓2.5 kgf/cm^{2}之情況下，不致發生碎裂、變形及孔口縮小或擴大等不良現象。

(5) 構造：濾水器需以原色或白色新料ABS樹脂或抗蝕抗鏽金屬材料製造，經機器成型整體（或分兩部分）鑄造。

(A) 濾頭：外徑：57 m/mø以上，濾頭壁厚不小於12 m/m，圓周方向開濾嘴至少5環，每環中心間隔均等，濾嘴環開口口徑0.4 m/m，以避免濾材漏出。且每只濾頭開口面積不小於2.8 cm^2。

(B) 短管：內徑約14 m/mø，短管上端需設螺紋以便栓緊於固定座上。

(C) 固定座：上端座寬約50 mmø。上端設適合安裝短管之內牙螺絲長約35 mm，並應附保護塞，俾施工時可先以塞旋入固定座上以免雜物雜入。且需含固定翼以增加固定座於預鑄板之牢固。

4. 濾料

(1) 濾石：濾石係敷裝於濾床之上，為支持濾砂之用。需從下至上，由粗而細分四層敷裝，其厚度共為30公分。

　(A)第一層濾石直徑由19.0±2至30.0±3公釐厚度10.0公分。

　(B)第二層濾石直徑由9.5±1至19.0±2公釐厚度8公分。

　(C)第三層濾石直徑由4.5±0.5至9.5±1公釐厚度6公分。

　(D)第四層濾石直徑由2.0±0.2至4.5±0.5公釐厚度6公分。

(2) 濾砂：濾池每池敷裝，濾砂厚度為50公分，敷裝於濾石之上，應為澎湖砂或金山砂或同等品，且均需符合下列規格：

　(A)有效粒徑為：0.6±0.05公釐。

　(B)均勻係數為1.5以下。

　(D)需以堅硬石英質砂粒為主，二氧化矽（SiO_2）含量不得少於90%，不得含扁平脆弱顆粒，以及土質及灰塵等不潔物。

　(D)洗淨濁度在30度以下。

　(E)灼熱減量小於0.7%（重量比）。

　(F)鹽酸濃度4%，可溶解率小於3.5%（重量比）。

　(G)比重2.55～2.65。

斗六擴大工業區淨水場平面圖

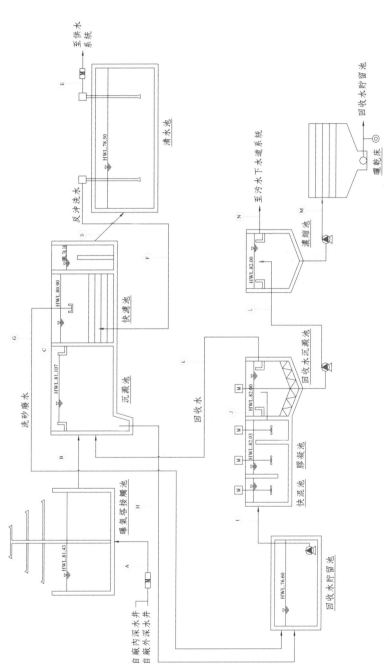

斗六擴大工業區淨水場流程圖

現場照片：

施工廠商：大陸水工股份有限公司
工地主任：張志明

3-3 軟水處理工程案例──台灣省農會軟水 處理工程

設計基準：

水量：一般用水：1520 CMD。

軟水：480 CMD。

原水水質：台中市二期工業區乙區13路當地地下水為水源。

　　　　　處理後水質要求：pH：6～8。

　　　　　SS：< 10 mg/L。

　　　　　Fe+Mn：< 0.3 mg/L。

一、曝氣塔

1. 編號：A-1。
2. 型式：三層散水棚式，數量：1台。
3. 功能：面積1.6 m×1.6 m×3層 = 7.68 m^3。
4. 構造：

   (1) 材質：氣曝塔為不鏽鋼SUS304材質焊製，鋼板厚度少2 mm。

   (2) 規格：每層規格為1.6 m，正方分為三層。

   (3) 每層均填放適量焦炭，焦炭係以不鏽鋼網支撐以角鋼補強。

二、氧化池

1. 編號：C-1。
2. 容量：30 m^3。
3. 構造：RC構築。

三、原水泵浦

1. 編號：P-1、P-2。
2. 廠牌：三錦、新新、三太。
3. 型式：離心式抽水泵，數量：2台。
4. 功能：

   (1) 額定水量：2000 CMD。

(2) 額定揚程：10 m。

(3) 出水口徑：100 mm。

5. 構造：

(1) 泵浦構造：葉輪及外殼均為鑄鐵。

(2) 馬達：TEFC屋外鼠籠式馬達，馬力數為$7\frac{1}{2}$HP。

四、高速凝集沉澱槽槽體

1. 編號：C-2。

2. 規格：7000 mmØ×3500 mmH。

3. 構造：RC構築。

五、高速凝集沉澱槽設備

1. 編號：S-1。

2. 廠牌：驅動為DBS、阪神、SEW。

3. 型式：ACCELATOR，數量：1台。

4. 功能：處理水量：2000 CMD。

5. 構造及內容：

(1) 驅動為DBS、阪神、SEW。

(2) 內容：Turbine agitator渦輪攪拌機。

凝集槽區。

沉澱槽區。

溢流堰。

走道橋（半橋式）。

六、中間抽水井

1. 編號：C-3。

2. 容量：有效30 m³。

3. 構造：RC構築。

2. 容量：有效30 m^3。

七、過濾泵

1. 編號：P-3、P-4。
2. 廠牌：三錦、新新、三太。
3. 型式：離心式抽水泵，數量：2台。
4. 功能：

    (1) 額定水量：2000 CMD。

    (2) 額定揚程：10 m。

    (3) 出水口徑：100 mm。
5. 構造：

    (1) 泵浦構造：葉輪及外殼均為鑄鐵。

    (2) 馬達：TEFC屋外鼠籠式馬達，馬力數為$7^1/_2$ HP。

八、無閥式過濾機

1. 編號：V-1。
2. 廠牌：水美、上水、翔美。
3. 型式：自動無閥式過濾機。
4. 功能：

    (1) 處理水量：2000 CMD。

    (2) 進水口徑：150 mm。

    (3) 出水口徑：200 mm。

    (4) 逆洗虹吸管路：250～200 mm。
5. 構造：

    (1) 本體為SS41級鋼板焊製內部噴砂後Epoxy三道，外部噴砂後紅丹底漆一道，面漆二道塗裝。

    (2) 濾材為分級濾石、石英砂及無煙煤。

    (3) 直徑為3000 mm，胴體全高5350 mm。

    (4) 附虹吸破壞管，手動反洗作動擎，抽吸器等。

九、過濾水貯槽

1. 編號：C-4。
2. 容量：30 m^3。
3. 構造：RC構築。

十、軟化泵浦

1. 編號：P-6、P-7。
2. 廠牌：三錦、新新、三太。
3. 型式：離心式抽水泵，數量：2台。
4. 功能：

   (1) 額定水量：2000 CMD。

   (2) 額定揚程：10 m。

   (3) 出水口徑：100 mm。
5. 構造：

   (1) 泵浦構造：葉片及外殼均為鑄鐵。

   (2) 馬達：TEFC屋外鼠籠式馬達，馬力數為10 HP。

十一、自動軟化機

1. 編號：S0-1。
2. 廠牌：水美、上水、翔美。
3. 型式：壓力式陽離子交換型。
4. 功能：

   (1) 交換能力約100 kg/Cycle as CaCO$_3$。

   (2) 樹脂量2500公升。
5. 構造：

   (1) 以PLC控制氣動蝶閥操作。

   (2) 軟化機本體係以SS41級鋼板焊製，內部噴砂後Epoxy三道,外部噴砂後紅丹底漆一道,面漆二道塗裝。

(3) 軟化機規格1450 m/mØ×2500 m/mH×4.5 T。

(4) 附屬設備:進出水管反洗水管集散裝置、登梯、人孔、流量計等。

十二、鹽水泵浦

1. 編號:P-8。
2. 廠牌:三錦、新新、三太。
3. 型式:離心式抽水泵,數量:1台。
4. 功能:

(1) 額定水量:5 CMD。

(2) 額定揚程:10 m。

(3) 出水口徑:25 mm。

5. 構造:

(1) 泵浦構造:葉片及外殼均為不鏽鋼材質。

(2) 馬達:TEFC屋外鼠籠式馬達,馬力數為1 HP。

十三、NaOCl加藥泵

1. 編號:F-1。
2. 廠牌:IWAKI、Bran Lubbe、Nikkiso。
3. 型式:瓣膜式加藥泵,數量:1台。
4. 功能:

(1) 最大吐出量:60 cc/min。

(2) 最高吐出壓力:10 kg/cm²。

5. 構造:

(1) 泵浦頭:PVC。

(2) 閥球:90% Alumina Ceramic。

(3) 構造:PTFE Coated EPDM。

十四、PAC加藥泵

1. 編號：F-2。
2. 廠牌：IWAKI、Bran Lubbe、Nikkiso。
3. 型式：瓣膜式加藥泵，數量：1台。
4. 功能：
   (1) 最大吐出量：600 cc/min。
   (2) 最高吐出壓力：10 kg/cm^2。
5. 構造：
   (1) 泵浦頭：PVC。
   (2) 閥球：90% Alumina Ceramic。
   (3) 構造：PTFE Coated EPDM。

十五、POLYMER加藥泵

1. 編號：F-3。
2. 廠牌：IWAKI、Bran Lubbe、Nikkiso。
3. 型式：瓣膜式加藥泵，數量：1台。
4. 功能：
   (1) 最大吐出量：3300 cc/min。
   (2) 最高吐出壓力：5 kg/cm^2。
5. 構造：
   (1) 泵浦頭：PVC。
   (2) 閥球：SUS。
   (3) 構造：PTFE Coated EPDM。

十六、POLYMER傳送泵

1. 編號：P-9。
2. 廠牌：IWAKI、Bran Lubbe、Nikkiso。

3. 型式：橡膠葉輪泵。
4. 功能：
   (1) 額定水量：1.2 m^3/Hr。
   (2) 額定揚程：10 m。
   (3) 出水口徑：200 mm。
5. 構造：
   (1) 泵浦為銅質。
   (2) 葉輪為耐油性NBR。
   (3) 馬達：TEFC屋外鼠籠式馬達，馬力數為1/2HP。

十七、POLYMER攪拌機

1. 編號：M-1。
2. 廠牌：翔美、功原、踐立。
3. 型式：皮帶驅動式。
4. 規格：R.P.M. = 120。
5. 構造：
   (1) 攪拌機本體係鑄鐵材質，攪拌葉為SUS304材質。
   (2) 攪拌機以皮帶與馬達連接傳動。
   (3) 皮帶輪附皮帶輪蓋係SS41材質。
   (4) 馬達：TEFC屋外鼠籠式馬達，馬力數為2HP。

十八、藥液貯槽

1. 編號：TK-1、TK-2、TK-3、TK-4。
2. 廠牌：良機。
3. 型式：直立式 FRP材質。
4. 規格：TK-1：NaOCl貯槽，1 m^3。
   　　　　TK-2：PAC貯槽，2 m^3。
   　　　　TK-3：Polymer攪拌槽，2 m^3。

TK-4：Polymer貯槽，2 m³。

含必備給水口、出水口、排水口。

攪拌槽附攪拌機座。

十九、軟水池

1. 編號：C-5。
2. 容量：30 m³。
3. 構造：RC構築。

二十、鹽水使用槽

1. 編號：C-7。
2. 容量：3 m³。
3. 構造：RC構築。

二十一、鹽水溶解槽

1. 編號：C-6。
2. 容量：10 m³以上。
3. 構造：
   (1) RC構築。
   (2) 填充分級濾石及石英濾砂共40公分。

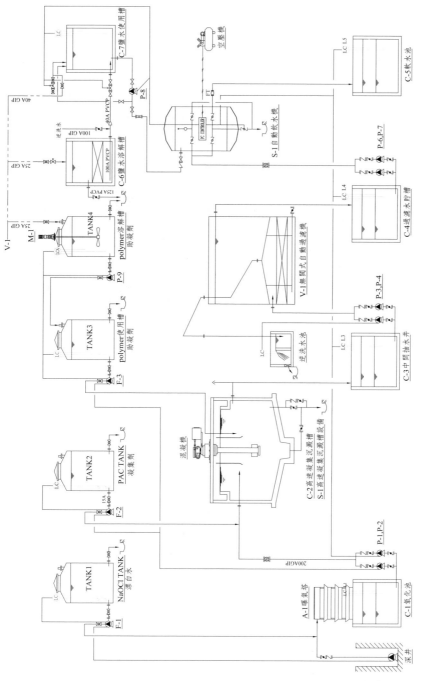

台灣省農會會淨水場流程圖

現場照片：

施工廠商：大陸水工股份有限公司
工地主任：張志宏

3-4 純水處理工程案例——力霸鋁門窗純水處理工程

一、型式：混床式。

二、規範：

1. 50 m^3/cycle×5 m^3/H。
2. 原水水質：
   (1) pH值：6.5

(2) 總硬度（以$CaCO_3$計）：89 ppm

(3) 鈣（Ca）：23.8 ppm

(4) 鎂（Mg）：7.2 ppm

(5) 鐵（Fe）：0.05 ppm以下

(6) 二氧化矽（SiO_2）：40 ppm

(7) 氯化物（Cl^-）：27 ppm

(8) 硫酸鹽（SO_4^{2-}）：3 ppm

(9) 硝酸鹽氮（NO_3^--N）：0.1 ppm以下

(10)氨態氮（NH_4^+-N）：0.1 ppm以下

(11)導電度：2.55×10^{-4} mhos/cm

3. 處理流程：

原水→加壓泵浦→活性碳過濾槽→混床塔→純水貯槽→
→純水泵→至使用

4. 全自動、手動兩用。

5. 處理後水質：$1M\Omega/cm^2$。

三、設備：

1. 活性碳槽：

尺寸：485 m/mØ×1830 m/mH×3.2 m/mt。

結構：SS41，內部Epoxy，外部底漆，面漆。

附件：

(1) 活性碳100L

(2) 原水泵浦（2組）：1 HP×100 L/min×15 m/mt

2. 混床塔：

尺寸：780 m/mØ×2400 m/mH×4.5 m/mt。

結構：SS41，內部5 m/mt橡膠。

附件：陽離子樹脂140 L（美國Duolite）。

陰離子樹脂280 L。

3. 酸鹼計量槽：

   材質：PE×附液位計×2只。

4. 指示控制儀器：

   (1) 水質監視器

   (2) 瞬間流量計（三組）

   (3) 自動控制器

   (4) 積算流量計

   (5) 壓力計（三只）

5. 自動控制配電盤：

   (1) 控制盤、指示燈

   (2) 電磁閥

   (3) 流程告示板

6. HCl、NaOH儲槽×PE×2 m³×2只。

7. 配線、配管。

8. 吊運、安裝。

四、驗收規範：

1. 處理水量：50 T/cycle。

2. 純水質比抵抗大於$10^6 \Omega$ cm。

3. 純水水質SiO_2含量在200 ppm以下。

4. 鹽酸計量槽應加排氣設備。

5. 保證樹脂使用年限2年，及各控制閥使用年限2年。

6. 驗收前應提供操作及保養手冊。

7. 廠商需每兩個月分析樹脂及水質等。

8. 整個設備保固2年。

   註：1.保固二年。

   　　2.土木基座一次配管、一次配電及試車用藥業主自備。

現場照片：

設計施工廠商：大陸水工股份有限公司
工地主任：陳健在

3-5 超純水處理工程案例──研能科技超純水處理工程

設計基準：處理水量：1 m^3/hr。
　　　　　原水水質：自來水。
　　　　　處理後水質：$17M\Omega/cm^2 = 17000000\Omega/cm^2$。
處理流程：

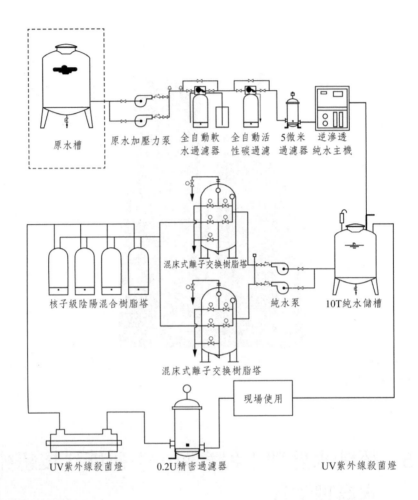

原水槽　　原水加壓力泵　全自動軟　全自動活　5微米　逆滲透
　　　　　　　　　　　　　水過濾器　性碳過濾　過濾器　純水主機

混床式離子交換樹脂塔

核子級陰陽混合樹脂塔　　　　　　　純水泵　10T純水儲槽

混床式離子交換樹脂塔

現場使用

UV紫外線殺菌燈　　0.2U精密過濾器　　　UV紫外線殺菌燈

設備規範：

1. 原水加壓泵

　　數量：2台。

　　型式：臥式離心泵。

　　材質：SUS 304。

　　馬力：1 HP×220 V×3∅×60 Hz。

　　能力：2.4 m³/Hr時，揚程30 m。

　　型號：CEA 706/3。

2. 不鏽鋼雜質過濾器。

　　數量：1台。

　　處理量：6 m^3/Hr。

　　材質：SUS 304。

　　濾蕊：5微米×30"×7支。

3. 軟化過濾器

　　數量：1套。

　　處理量：2 m^3/Hr。

　　桶身：美制FRP 16"Ø×65"H耐壓150 psi。

　　濾材：鈉型陽離子樹脂×120公升。

　　控制：Autotrol-180，220 V×60 Hz。

　　行程：全自動5行程執行，七天週期可調整定時再生。

　　再生週期：2天（每天10小時）。

　　鹽桶：PE材質18"Ø×40"H。

　　鹽用量：12公斤／每次再生。

4. 活性碳過濾器

　　數量：1套。

　　處理量：2 m^3/Hr。

　　桶身：美制FRP 16"Ø×65"H耐壓150 psi。

　　濾材：椰子殼活性碳×120公升。

　　控制：Autotrol-180，220 V×60 Hz。

　　行程：全自動3行程執行，七天週期可調整定時再生。

5. 逆滲透純水系統

　　數量：1套。

　　造水量：1 m^3/Hr at 25 C。

　　去除率：96%以上。

　　回收率：50%以上。

　　操作壓力：150～200 psi。

主體：SUS 304不鏽鋼槽鐵及角鋼焊製。

膜材：4820HR×4支。

膜外殼：SUS 304 4040　一支裝×4支。

面管：美規SCH-80+SUS 304配管。

控制：全自動沖洗，造水流程燈號指示。

配件：(1) 主控箱（含彩色壓克力流程面板）×1只。

　　　(2) 預濾器2支×20"。

　　　(3) 4 HP高壓多段離心泵（220 V×3Ø×60 Hz）×1部。

　　　(4) 純排水流量計各1只。

　　　(5) 水質監視器1式。

功能：(1) 全自動操控系統。

　　　(2) 無水低壓保護裝置。

　　　(3) RO滿水停機控制。

　　　(4) 藥洗循環出入口。

　　　(5) 配合前處理停機裝置。

6. FRP儲水槽

數量：3套。

容量：2000 L。

材質：FRP。

型式：直立式。

7. 純水供應泵

數量：2台。

型式：臥式離心泵。

材質：SUS 304。

馬力：1 HP×220 V×3Ø×60 Hz。

能力：2.4 m^3/Hr時，揚程30 m。

型號：CEA 706/3。

8. 核子級陰陽混床樹脂

　　數量：2套。

　　規格：直立式FRP纏繞。

　　桶深：10"∅×52"H。

　　容量：核子級陰陽混床樹脂×80 L。

　　附件：比電阻水質計×1式。

9. UV紫外線殺菌器

　　數量：1套。

　　型式：石英管內照式。

　　流量：12 GPM。

　　波長：254 nm。

　　UV強度：30000 u ws/cm^2。

　　材質：SUS 316。

10. 0.2微米絕對過濾蕊與過濾器

　　(1) 0.2濾蕊

　　　　材質：PP。

　　　　孔徑：絕對0.2 nm。

　　　　長度：20"。

　　(2) 過濾器：

　　　　數量：2支。

　　　　材質：PVC。

　　　　長度：20"。

11. 現場安裝與配管、試車

　　管材：SCH-80 PVC為主（不含現場配管）。

現場照片：

設計施工廠商：大陸水工股份有限公司

工地主任：吳永福

3-6 淨水高級處理工程案例 —— 直潭淨水廠高級處理模廠

一、通則

1. 本章概要

本規範規定試驗廠設備及管線施工等之設計、供料、安裝、測試、權責和維護之需求。包括所有產品、材料、人力、設備的供應，所需要的設計、製造、供應、交貨及工地的卸貨、保險、安裝、油漆、監督、工作之配置及檢測，使高級水處理系統工程符合規範及設計圖說要求，且所有涵蓋工程項目竣工後需能安全、有效率且無危險的操作及維護。

2. 工作範圍

本工程所屬試驗廠裝置包括但不限於下列各項：

(1) 建物整修。

(2) 試驗廠引排水設施。

(3) 傳統水處理設備。

(4) 臭氧處理設備。

(5) 生物活性碳與活性碳處理設備。

(6) UF薄膜處理設備。

(7) 監測儀器與動力控制。

3. 相關資料

(1) 承包商初步計畫及施工計畫。

(2) 計量與計價。

(3) 資料送審。

(4) 品質管制。

(5) 臨時設施。

(6) 環境保護。

(7) 勞工安全衛生。

(8) 清理。

(9) 中央監視主控制設備。

4. 運送、儲存及處理

(1) 搬運所有設備時應妥善作業，防止其內部元件遭受損傷、破壞，發現有缺陷應立即彌補，不可裝置損壞的設備。

(2) 設備應存放在乾淨、乾燥的場所，以保護設備免於受到灰塵、蒸汽、水汽、施工碎片及天然災害的損傷，長期儲存之材料及設備之保護應依照製造廠之說明辦理。

(3) 任何會受到凝結濕氣傷害的設備，皆必須提供輔助的電熱器或存放在適當的場所。

5. 現場環境

承包商所供應裝設之設備需於下列環境條件下能正常運作：

(1) 海拔：1,000 m以下。

(2) 相對濕度：

屋內：20%～80%。

屋外：20%～95%。

(3) 溫度：

屋內：0℃～40℃。

屋外：0℃～45℃。

二、產品

1. 功能

(1) 施工範圍及系統功能

(A) 整修直潭場第二加藥室部分空間，於其內規劃設置接待室、會議室、倉庫、實驗室、中控室及試驗廠。

(B) 設置自直潭場進水沉砂池引流500 CMD至第二加藥

室之排水管及由試驗廠引流排入場內污泥管之引流水
管。

(C)新增直潭場第二加藥室內傳統與高級水處理之各單元
與配件設施。

(D)新設各處理槽體之線上監測儀器及動力系統。

(2) 本試驗廠之進流水處理量至少應達500 CMD，其後分
為有臭氧及無臭氧之兩股試驗水流，其處理量均為250
CMD以上，在臭氧處理流程中之BAC處理量應達4.2
CMH以上。在無臭氧試驗流程中，GAC及UF過濾之清水
產水流量均應達4.2 CMH以上。

2. 材料及設備

(1) 逆滲透水製造機

(A)本機係試驗廠之實驗附屬設備，包括機器本體、框架
及配件等全部。

(B)產率：1.5 l/min。

(C)出水水質：(a) 導電度 < 18.2mΩ-cm at 25℃。

            (b) TOC < 5 ppb。

(D)特點：系統具有雙波長紫外線燈及自動定時循環功
能。

(E)微電腦處理：(a) 顯示比阻抗值。

              (b) 水溫。

              (c) 樹脂管柱更換提示警告。

(F)純化裝置含：(a) 核子級去離子樹脂管匣。

              (b) 孔徑0.05 µm以下濾膜。

              (c) 雙波長紫外線燈。

(G)附前處理（活性碳 + 過濾膜）逆滲透膜製水純水機及
20升儲水桶各1組。

(F)附件：每部儀器需附3.9 mL×0.7 mW×0.8 mH耐酸鹼

        腐蝕材質放置檯，設置地點得依現場實際需要施作，並配合設置抽屜、置物架或櫃子。

(2) 電子分析天平

  (A)本機係試驗廠之實驗附屬設備，包括機器本體、框架及配件等全部。

  (B)規格：

    (a) 最大稱量：200 g以上。

    (b) 最小荷重感應：0.0001 g。

    (c) 再現性源移度：0.0001 g。

    (d) 線性值：±0.0002 g。

    (e) 稱物盤：直徑80 mm（含）以上。

    (f) 操作環境：5℃～40℃，濕度小於85%。

    (g) 校正砝碼：200 g。

    (h) 電源：AC 120 V，50/60 Hz。

(3) 冰箱

  (A)本機係試驗廠之實驗附屬設備，包括機器本體、框架及配件等全部。

  (B)規格：

    (a) 採用零污染環保隔熱材質。

    (b) 採用環保冷媒。

    (c) 顏色：提供型錄由工程司指定。

    (d) 容量：500 L以上。

(4) 配藥系統

  (A)本機係試驗廠之實驗附屬設備，包括機器本體、框架及配件等全部。

  (B)配藥槽：1 m^3×PE桶×1只。

  (C)攪拌機：on/off手動啟動。

            1/2 HP×300 rpm×夾桶式×1台。

附件：SUS304主軸及螺旋式葉片。

(D)定量加藥機：1台on/off手動啟動，1台備用放倉庫

1/4 HP×0.22～2.2 L/min×2台（1台備用）。

(5) 原水池系統

(A)本機係試驗廠之實驗附屬設備，包括機器本體、框架、泵浦、鋼筋、混凝土基座及配件等全部。

(B)原水槽：10 m^3×PE桶×1只。

(C)進水泵：進流槽高水位啟動，低水位停，原水池低水位啟動，高水位停。

3 HP×450 L/min×16 mH×2台（1台備用）。

直接式陸上型。

(D)原水泵：分A、B兩組，為1台使用、1台備用，原水槽高水位啟動，低水位停，濾前水池低水位啟動，高水位停。

2 HP×210 L/min×20 mH×4台（2台備用）。

直接式陸上型。

(6) 快混系統

(A)本機係試驗廠之實驗附屬設備，包括機器本體、框架及配件等全部。

(B) 快混槽

得標承商應於圖說送審階段，檢附功能計算及施工圖、佐證文獻，證明產品功能可使槽內於250 CMD以上時，G值得在300 sec-1以上之自設範圍以變頻器調整。

1 mL×1 mW×1 mH×2座（腳架3 m）。

材質：SS400×4.5 mmt。

(C)快混槽攪拌機：分A、B兩組，分別與原水槽A、B原

水泵同步。

1 HP×300 rpm×直立式×2台（承商得以功能要求，選用250 rpm～400 rpm間之定速攪拌機種）。

附件：SUS304主軸及螺旋式葉片。

(D)變頻器：

(a) 輸入電壓、頻率：3Ø 220 V、60 HZ。

(b) 輸出電壓、頻率：3Ø 220 V、0～120 HZ。

(c) 頻率設定方式：可由面板直接控制，外部訊號4～20 mA控制等功能。

(d) 參數顯示方式：

A.LCD面板數字顯示警報訊息、頻率、電流、功率等。

B.類比輸出4～20 mA。

(e) 運轉狀態：具接點輸出指示運轉及故障狀態。

(f) 保護裝置：過電流、過電壓、短路、欠相及過熱等保護。

(g) 保護等級：IP54。

(h) 需通過UL/CE或其它國際標準之安規認證。

(i) 附件配備（或內含）：直流電抗器及濾波器。

(E)NaOH加藥桶：2 m^3×PE桶×1只。

(F)NaOH加藥機：1台備用放倉庫，其餘A、B兩台分別受A、B台pH控制器控制，pH值低於7啟動、高於8停。

0.8～54 mL/min×3台（1台備用）。

(G)PAC加藥桶：2 m^3×PE桶×1只。

(H)PAC加藥機：1台備用放倉庫，其餘A、B兩台分別與原水槽A、B原水泵同步。

0.8～54 mL/min×3台（1台備用）。

(I) pH控制器：pH：0～14×2組。
(7) 慢混系統
　(A)本機係試驗廠之實驗附屬設備，包括機器本體、框架及配件等全部。
　　得標承商應於送審階段檢附功能計算書及施工圖、佐證文獻，證明其產品功能可使槽內於250 CMD以上時Gt值得在200,000以內之自設範圍以變頻器調整。
　(B)慢混槽
　　1.5 mL×1.5 mW×2 mH×2座（腳架2 m）。
　　材質：SS400×4.5 mmt。
　(C)慢混槽攪拌機：分A、B兩組，分別與原水槽A、B原水泵同步。
　　0.25 HP×30 rpm×直立式×2台（承商得依工程功能選用20 rpm~50 rpm間之定速機種）。
　　附件：SUS304主軸及中字型葉片。
　(D)變頻器：
　　(a) 輸入電壓、頻率：3Ø 220 V、60 HZ。
　　(b) 輸出電壓、頻率：3Ø 220 V、0～120 HZ。
　　(c) 頻率設定方式：可由面板直接控制，外部訊號4～20 mA控制等功能。
　　(d) 參數顯示方式：
　　　①LCD面板數字顯示警報訊息、頻率、電流、功率等。
　　　②類比輸出4～20 mA。
　　(e) 運轉狀態：具接點輸出指示運轉及故障狀態。
　　(f) 保護裝置：過電流、過電壓、短路、欠相及過熱等保護。
　　(g) 保護等級：IP54。

(h) 需通過UL、CE或其他國際標準之安規認證。

(i) 附件配備（或內含）：直流電抗器及濾波器。

(E) Polymer加藥桶

2 m^3×PE桶×1只，以及30L緩衝桶。

(F) Polymer加藥機：1台備用放倉庫，其餘A、B兩台分別與原水槽A、B原水泵同步。

0.8～54 mL/min×3台（1台備用）。

(8) 沉澱系統

(A) 本機係試驗廠之實驗附屬設備，包括機器本體、框架及配件等全部。

(B) 沉澱槽：2.5 mL×2.5 mW×4 mH×2座。

材質：SS400×4.5 mmt。

附件：整流桶、溢流堰、浮渣擋鈑。

(C) 傾斜管：2.5 mL×2.5 mW×0.52 mH×2座。

材質：ABS。

(D) 暫存槽：

(a) 暫存槽：10 m^3×PE桶×2只。

(b) 暫存槽泵：分A、B兩組，分別1台備用，濾前水池高水位啟動，低水位低。

2 HP×210 L/min×20 mH×4台（2台備用）。

直接式陸上型。

(9) 砂濾槽

(A) 本機係試驗廠之實驗附屬設備，包括機器本體、框架、散水頭、集水頭、差壓傳訊器及濾材等全部。

(B) 砂濾槽：1.26 mØ×3.7 mH×2座。

材質：SS400×4.5 mmt。

型式：重力式。

附件：

(a) 石英砂及支持石。

(b) 散水集水系統。

(c) 電動閥、手動閥及管線安裝。

(C) 濾料厚度

承包商需提供及安放濾石及濾砂於每個砂濾槽池，每槽濾池淨面積1.25 m²。濾石需安放在集水濾板上方，其厚度為10 cm。濾石上方鋪設90 cm厚之濾砂，集水濾板之集水頭為Socket規格。

(D) 濾石

(a) 材質：濾石需為堅硬、耐磨、圓形、少扁平顆粒。

(b) 規格：

①濾石需經清洗篩除後，含有泥、砂殼、塵土，有機物不得大於1%。

②比重大於2.5。

③最大粒徑≦Ø12 mm。

④最小粒徑≧Ø3 mm，小於Ø3 mm部分不得超過1%。

⑤鹽酸溶解率：依AWWA B100濾料標準檢驗，濾石在10 mm或以上不能超過10%，在10 mm至5 mm時不能大於5%。

(E) 濾砂

(a) 有效粒徑：0.3～0.45 m/m。

(b) 均等係數：2.0以下。

(c) 灼熱減量0.7%以下。

(d) 鹽酸可溶率3.5%以下。

(e) 比重在2.57～2.67之間。

(10)消毒池

  (A)本機係試驗廠之實驗附屬設備,包括機器本體、框架及配件等全部。

  (B)槽體尺寸:

    A槽:1.5 m^3×PE桶×1只。

    B槽:1 m^3×PE桶×1只。

    C槽:0.5 m^3×PE桶×1只。

    D槽:1 m^3×PE桶×1只。

    E槽:1 m^3×PE桶×1只。

(11)集水槽系統

  (A)本機係試驗廠之實驗附屬設備,包括機器本體、框架及配件等全部。

  (B)集水槽

    尺寸:10 m^3 PE桶×1座。

  (C)集水槽泵:集水槽高水位啟動,低水位停。

    3 HP×450 L/min×16 mH×2台(1台備用)。

    陸上型。

(12)臭氧系統

  (A)本機係試驗廠之實驗附屬設備,包括機器本體、框架及配件等全部。

  (B)臭氧反應槽:1 mØ×5 mH×2組。

    材質:SUS 304。

  (C)臭氧產生機:on/off手動啟動及可中控室遙控啟動及13801章之流程控制說明連動。

    (a) 臭氧機組:

      型式:落地式含輪軸可移動及固定式機台。

      供氣來源:外接氧氣。

      臭氧產量:臭氧濃度9% wt(重量比),純氧進氣流量8.8 lit/min，臭氧產量可達68 g/hr。

臭氧反應管構造：臭氧產生機需以氧氣為製造來源，並可防止任何因短路介電所造成臭氧產生機外殼及管結構之破壞。

控制方式：利用微電腦全自動控制操作時間與週期。

冷卻方式：以空氣或水為冷卻方式。

臭氧反應管壽命：正常使用下，壽命至少為40,000小時。

出口壓力：0.5 kg/cm^2以上。

使用電源：AC220-240 V、50/60 Hz、單相。

外型尺寸：承商應於投標前依設計圖量測可容納尺寸，便於安裝及後續維修，得標後不得變更投標規格。

附洩漏閥組（本體為304不鏽鋼材質）保護裝置，防止水倒灌入臭氧產生機造成故障。

環境條件：臭氧產生機需設計可於最高溫度35℃之機房內操作。

(b) 氧氣製造設備：

落地式含輪軸可移動及固定式機台。

氧氣產生流量：10 lit/min（含）以上。

氧氣濃度需高於90%以上。

氧氣產生需利用分子篩（PSA）方式或其他可供臭氧產生機所需氧氣量方式。出口端含粉塵過濾設備，避免損害臭氧產生機。

氧氣製造設備需內建空氣吸入推送裝置。

使用電源：AC220-24 0V、50/60 Hz、單相。

　　外型尺寸：承商應於投標前依設計圖量測可容納尺
　　　　　　　寸，便於安裝及後續維修。

　　環境條件：氧氣機需設計可於最高溫度35℃之機
　　　　　　　房內操作。

(c) 氣水混合設備：整套需包含混合器、混合馬達。

　　目的：提供臭氧產生機所製造之臭氧，經臭氧混合
　　　　　設備將臭氧與水均勻混合反應。

　　原理：需為負壓式吸入，臭氧混合可採線上或旁流
　　　　　方式，不需額外接觸槽設計，吸氣能力需為
　　　　　設計容量1.2倍以上。

　　材質：需為密閉式設計，本體由316L不銹鋼組
　　　　　成，不可使用牙接或有縫鋼管，可在高濃度
　　　　　（8～12%重量比）臭氧氣體下操作。

　　管徑：依承商送審型錄核定。

　　馬達：規格視吸氣量及水量選配。

(d) 臭氧破除裝置：

　　目的：將未溶解於水中的殘餘臭氧，經臭氧破除裝
　　　　　置分解排除。

　　原理：為觸媒反應加熱式。

　　材質：需為密閉式設計，本體由SUS304不銹鋼組
　　　　　成。

(e) 配件：攜帶式水中臭氧濃度偵測器（費用已內含
　　　　　於詳細表「臭氧製造機」項目內，不另計
　　　　　價）。

　　攜帶式水中臭氧濃度偵測器兩台。

　　每台攜帶式水中臭氧濃度偵測器需附200顆反應試
　　劑。

(13)加氯系統

(A)本機係試驗廠之實驗附屬設備,包括機器本體、框架及配件等全部。

(B)NaOCl貯槽:2 m^3×PE×1只。

(C)NaOCl加藥機:1台備用放倉庫,其餘7台分別與A、B原水泵,A、B過濾泵及三組中間水池加壓泵同步。

40 mL/min×8台(1台備用)。

(14)GAC系統

(A)本機係試驗廠之實驗附屬設備,包括機器本體、框架及配件等全部。

(B)GAC槽:0.66 mØ×3.5 mH×3個。

材質:SS400×4.5 mmt。

附件:

(a) 粒狀活性碳。

(b) 集水設備。

(c) 手動反洗系統。

(C)中間水槽:5 m^3×PE桶×1只。

(D)加壓泵:中間水槽B,高水位啟動,低水位停。

1 HP×110 L/min×17 mH×2台(1台備用)。

直接式陸上型。

(15)BAC系統

(A)本機係試驗廠之實驗附屬設備,包括機器本體、框架及配件等全部。

(B)BAC槽:0.66 mØ×3.5 mH×3個。

材質:SS400×4.5 mmt。

附件:

(a) 粒狀活性碳。

(b) 集水設備。

(c) 手動反洗系統。

(C)中間水槽：5 m³×PE桶×1只。

(D)加壓泵：中間水槽A，高水位啟動，低水位停。

1 HP×110 L/min×17 mH×2台（1台備用）。

直接式陸上型。

(16)薄膜系統

(A)本機係試驗廠之實驗附屬設備，包括機器本體、框架及配件等全部。

(B)UF主機

(a) 本節適用UF系統之設計製造、安裝、驗收等之基本要求。

(b) 工程範圍包括UF處理系統之設計，規劃、製造、安裝及測試、試運轉等。本系統所涵蓋之設備至少需包括至薄膜過濾系統內之管線及閥、管配件、管吊架、所有設備的支撐架以及維持系統運轉所需之控制盤體，電氣儀錶控制之配管，導線及雜項電氣器材，導線含低壓電纜，控制電纜、儀控用信號線、接地系統銅排和電線及其他本規範所規定之設備。

(C)本規範系統流程為設計參考，承商需視實際情況確實檢核，不得以本規範書所列之系統配置及流程做為規避其系統功能未能符合要求之藉口。承商設計施工之薄膜過濾系統功能應滿足本規範之要求，或於充分說明理由下，得提出不同之流程設計。本處將對承商提出之說明做評估；倘若不符合本規範之要求精神，或理由明顯不合乎專業要求，本處得直接取消其得標資格。

(D)設備範圍

(a) 完整設計、安裝、施工及試運轉。

(b) 系統／管線清潔、消毒、測試。

(c) 設備基礎施作。

(d) 設備塗裝。

(e) 設備搬運。

(f) 所有操作必須之爬梯、平台、扶手等。

(g) 相關地板施作。

(h) 廠內管線/管架施作。

(i) 設備廢水至廢水集水槽管嘴之配管工程。

(j) 一次側電源（至配電盤）。

(k) 相關電氣管線配管工程。

(l) 系統盤及控制盤。

(m) 系統電腦監控系統（含專用控制軟體）。

(n) 所有儀表設計、安裝、測試。

(o) 試運轉及操作訓練。

(p) 試運轉所需化學品、耗材（驗收前所需耗材化學藥品由承商提供）。

(E) 送審資料

承商應依照本規範規定，設計一套符合規定之水處理流程，應詳述處理流程、處理設備、使用材料、設備儀表清單、控制架構、PLC廠牌、工作範圍、工作時程、訓練計畫等資料，以作為評估依據。需提送文件之完整項目，請依照下列「廠商文件送審清單」規定辦理。

(F) 承商各階段送審文件清單。

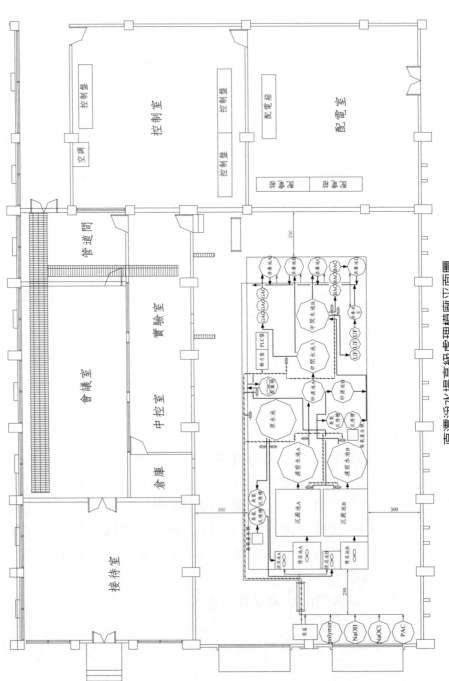

直潭淨水場高級處理模廠平面圖

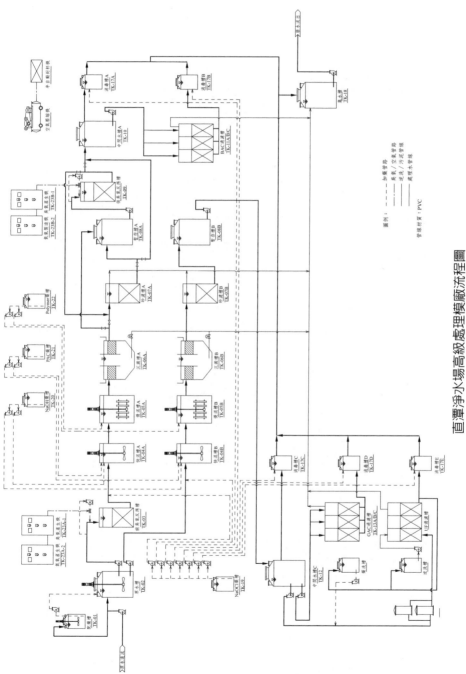

直潭淨水場高級處理模廠流程圖

現場照片：

設計監造廠商：大展國際工程顧問股份有限公司

工地主任：蕭承達

3-7　雨水、冷卻水回收再利用處理工程案例──台北101大樓雨水、冷卻水回收再利用處理工程

前言

　　台北國際金融中心新建工程之冷卻水塔循環用水，係利用中水回收系統之回收水循環再利用。經原承攬之工程公司大陸水工確保其水質如下表：

項目	中水水質	冷卻水處理後水質	備註（處理設備）
SS	< 5 mg/L	完全去除或 < 0.5 mm	全自動石英砂過濾桶
pH	6～9	7～9	pH調整槽
硬度	無要求	< 50ppm as CaCO$_3$	全自動軟水過濾桶
水溫	無要求	< 80℃	
化學藥品劑量	5 mg/L	---	

　　本公司為確符合冷卻水塔循環用水之要求，故建議採用自動砂濾及軟化設施來處理中水，以使冷卻水塔循環用水符合業主要求。

　　其設計要項如下：

一、設計水量：250 L/min（15 CMH）。

二、主要功能：本設備可淨化水質，另採全自動逆洗，使濾材可充分再生，並保持淨化水質及過濾之流暢。

三、處理流程：

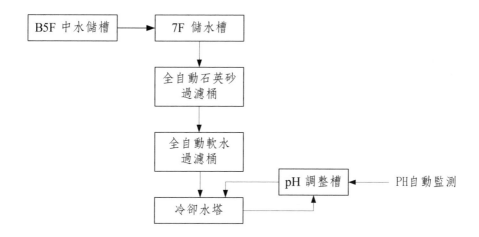

四、設備規範：

1. TM全自動深層石英砂過濾桶

   規格說明

   (1) 濾桶外部材質：FRP；內部材質：PE。

   (2) 濾桶最大處理量為16 CMH。

   (3) 全自動控制閥。

   (4) 濾桶尺寸：24"×71"。

2. TK全自動深層軟水過濾桶

   規格說明

   (1) 濾桶外部材質：FRP；內部材質：PE。

   (2) 濾桶最大處理量高16 CMH。

   (3) 全自動控制閥。

   (4) 濾桶尺寸：24"×71"。

   (5) 附鹽桶一組。

3. pH 調整

   材質：SUS 304。

   尺寸：2 mL×1 mW×1 mH。

   數量：1座。

　　附SUS 304溢流堰一組。

4. pH監測器

　　數量：1組。

5. 自吸式泵浦

　　馬力：1 Hp。

　　數量：1台。

補充說明：

　　(一)本系統設備KTRT應做15 cm高之水泥基座，以防潮濕。

　　(二)其他未列項目由DSE提供。

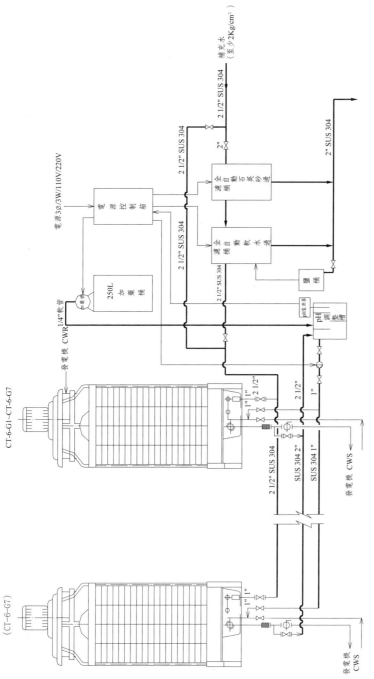

101臺北國際金融中心水處理裝置系統圖

現場照片：

施工廠商：大陸水工股份有限公司
工地主任：吳永福

考題篇

歷屆環工技師高考污水與給水工程考題及解答

<table>
<tr><td>代號：00650
頁次：2-1</td><td>111年專門職業及技術人員高等考試建築師、
31類科技師（含第二次食品技師）、大地工程
技師考試分階段考試（第二階段考試）
暨普通考試不動產經紀人、記帳士考試試題</td></tr>
</table>

等　　別：高等考試
類　　科：環境工程技師
科　　目：給水及污水工程
考試時間：2小時　　　　　　　　　　　　　座號：＿＿＿＿＿＿

※注意：㈠可以使用電子計算器。
　　　　㈡不必抄題，作答時請將試題題號及答案依照順序寫在試卷上，於本試題上作答者，不予計分。
　　　　㈢本科目除專門名詞或數理公式外，應使用本國文字作答。

一、請回答下列問題：（每小題5分，共25分）
　㈠依自來水工程設施標準（民國92年12月03日），請說明有關於快濾池的規定為何？
　㈡依自來水工程設施標準（民國92年12月03日），請說明有關配水管防止污染的規定為何？
　㈢依水污染防治法（民國107年6月13日）及其施行細則的規定，事業單位應檢具水污染防治措施計畫，且於申請發給排放許可證時，其應具備的必要文件，須經依法登記執業之環境工程技師或其他相關專業技師簽證。技師依規定在廢（污）水及污泥處理系統設計階段執行簽證業務時，應查核那些事項？
　㈣依下水道工程設施標準（民國98年11月27日），請說明何謂「計畫污泥量」？
　㈤依下水道工程設施標準（民國98年11月27日），請說明有關污水下水道的「計畫下水量」在分流污水管渠、合流下水管渠與截流污水管渠的規定？

解答：
(一) 快濾池以重力式為準，濾速以100m～200m／日為準，原水應經膠凝沈澱等前處理設施
(二) 配水管不得與其他管線相連，且不得經過污水入孔，制水閥、流量計不得與污水管線或人孔連接
(三) 1. 原水水質、水量的估算是否合理？
　　 2. 污水處理廠處理流程是否合理？

3. 污水處理廠各單元的水力停留時間是否合理？假設的COD、BOD、SS去除率是否合理？

4. 污泥產量是否經合理計算？是否經妥善處理？

5. 水質、水量的質量平衡圖是否合理？

6. 污水廠鼓風機風壓、風量是否足夠？

7. 污水泵浦揚程、馬力是否足夠？

8. 生物濾材填充率是否達50%以上？

9. 是否有獨立電錶、水錶？

10. 藥品貯槽是否太小？

11. 噪音、空氣污染等二次公害是否有做防治？

12. 污泥迴流率、污泥齡等操作參數是否合理？

(四) 計畫污泥量：以最大日污水量為準計算出來的污泥產量必須由BOD轉化成污泥之量加上由SS去除產生之污泥量

(五) 1. 分流污水管理：分成計畫逕流量的雨水管與最大時污水量的污水管

2. 合流下水管渠：包含計畫逕流量加上最大時污水量

3. 截流污水管：雨天時之計畫污水截流量，管流速控制在0.6～3m/s

二、淨水或是廢水處理單元中，傳統砂濾池操作的挑戰，主要包括水頭損失上升速度過快、濾程太短、反洗過於頻繁、增加反洗水量，以及減少淨出水量。請說明造成傳統砂濾池水頭損失上升速度過快，與濾程太短的可能原因與因應對策（25分）

解答：

1. 空氣閉塞：氣泡阻塞，使濾速降低。

  防止方法

  (1) 避免負水頭，使溶解氣體游離。

  (2) 避免水中溶解氣體達到飽和。

(3) 去除藻類，以防其產生二氧化碳。

(4) 防止過濾池水溫上升。

2. 泥球：泥球係膠羽、細砂等結成球型，比重較砂小者在砂上面，比重較砂大者在砂層中，泥球產生原因是砂層發生裂隙，以致膠羽穿入砂層，當反沖洗時，水將膠泥壓成泥球。

⎡防止方法⎤

(1) 洗砂膨脹率提高至150%。

(2) 控制進入水質，提高混凝池效率。

⎡補救方法⎤

(1) 濾器撈出。

(2) 搗碎泥球。

(3) 表面洗砂或高壓噴水洗砂。

(4) 刮砂、洗滌後再鋪回。

3. 砂垢：砂垢為附著於砂粒表面的膠質或碳酸鈣，砂粒因為砂垢，比重減少，易流失，並易形成裂隙或阻塞。

⎡防止方法⎤：防止含石灰之水過濾。

⎡補救方法⎤：以氯或苛性鈉洗砂。

三、有一運作中的民生生活污水處理廠，其處理流程為傳統活性污泥法，進流水量為 Q_{ave}：5,000 CMD（平均日流量），進流水質為 BOD：120 mg/L，SS：140 mg/L，TN：40 mg-N/L，TKN：35 mg-N/L。目前該廠的 BOD 與 SS 處理成效良好，各單元也正常操作中。假設本座早期興建的污水廠原始規劃設計時，並未將 TN 與 NH_3-N 的去除列入設計的考量中，原設計的曝氣池體積為 2,000 m^3，既設曝氣機的總供氣量為 150,000 m^3-Air/day。若你為某一環境工程技師事務所的技師，受命在不增加槽體（因為並無預留空間）的狀況下，提升此一既設污水廠對 TN 與 NH_3-N 的削減功能，你對此功能提升的改善規劃建議為何？（含基本原理、量化計算、增設設備與操作方式）（25 分）

解答：

1. 應將傳統活性污泥法處理系統改成可以同時去除N，P的系統，將 2000m³的曝氣池隔成三池，厭氧池300m³，無氧池300m³，好氧槽 1400m³形成A₂O系統

2.

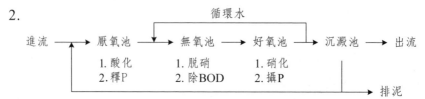

3. 應加設循環水泵

4. 厭氧池及無氧池不得曝氣，所以曝氣機應加裝變頻器，使轉速變慢，曝氣量變小

四、某電鍍工廠屢因放流水不符合放流水標準，而被環保局因違反水污染防治法第7條規定處以罰鍰，並被通知要求限期改善。該電鍍廠乃委託某環境工程技師檢視該電鍍工廠既有操作中的電鍍廢水處理設施，檢討該廢水廠的處理流程與各單元的合理性，並提供必要的改善作為的建議。該環境工程技師檢測既有的廢水處理流程與單元後，得知：(1)廢水收集依傳統的酸鹼綜合廢水、氰系廢水與鉻系廢水分流收集；(2)氰系廢水經收集池（HRT：1小時）後，流經pH調整槽加鹼調整到pH 7.5，溢流至第一氧化池，再加漂白水（HRT：5分鐘）控制ORP大約為300 mV，接著抽水到第二氧化池（HRT：5分鐘），持續添加漂白水控制ORP大約為450 mV，之後該水流至混合池（HRT：0.5小時）與酸鹼綜合廢水混合後，採快混（添加NaOH調整pH與添加PAC，HRT：10分鐘，pH 8.5）與慢混處理（添加Polymer，HRT：30分鐘），再經pH調整槽（HRT：5分鐘，pH 7.5），接著沉澱處理（HRT：1.5小時，表面負荷：55 m³/m²-day）後放流；(3)分流收集的鉻系廢水經收集池（HRT：1小時）後，流經pH調整槽加酸調整pH 4.5，溢流至還原池，還原池加亞硫酸氫鈉（HRT：10分鐘）控制ORP大約450 mV，之後該水流至混合池（HRT：2小時）與酸鹼綜合廢水混合後，採前述的快混、慢混與沉澱處理。經此初步檢視後，若你為該環境工程技師，你對此廢水廠改善作為的建議為何？（25分）

解答：

1. 氰系一次氧化槽PH需調高至10～11
2. 氰系二次氧化槽加漂白水ORP要控制在650mV以上
3. 酸鹼綜合廢水PH要調高到9以上，使所有重金屬都形成氫氧化物結晶膠羽，再經沉澱池沉降去除後，才可再經pH調整槽將pH調降成7.5
4. 鉻系廢水還原槽加亞硫酸氫鈉ORP要控制到250mV以下

代號：00650
頁次：2-1

110年專門職業及技術人員高等考試建築師、
24類科技師（含第二次食品技師）、大地工程技師
考試分階段考試（第二階段考試）、公共衛生師
考試暨普通考試不動產經紀人、記帳士考試試題

等　　別：高等考試
類　　科：環境工程技師
科　　目：給水及污水工程
考試時間：2 小時　　　　　　　　　　　座號：＿＿＿＿＿＿

※注意：㈠可以使用電子計算器。
　　　　㈡不必抄題，作答時請將試題題號及答案依照順序寫在試卷上，於本試題上作答者，不予計分。
　　　　㈢本科目除專門名詞或數理公式外，應使用本國文字作答。

一、請試述下列名詞並說明如何應用於水處理工程：（每小題 5 分，共 20 分）
　　㈠ Capacitive De-ionization（CDI）
　　㈡ Complete Ammonia Oxidation（comammox）
　　㈢ Moving-Bed Biofilm Reactor（MBBR）
　　㈣ Forward Osmosis（FO）

解答：

(一) CDI：電容去離子，正極與負極在低電壓下，水中正負離子被靜電力吸附，進而達到水質淨化，或脫去鹽類的效果。

(二) comammox：完全氨氧化，微生物硝化，由完全氨氧化菌，不需兩步硝化，即不需先氧化成亞硝酸，再氧化成硝酸，可直接氧化成 NO_3^-。

(三) MBBR：移動床生物膜反應：微生物附著在載體上，懸浮的載體在反應器中隨水流自由浮動，增加污水與微生物接觸機會，提高了污水處理效果，好氧反應載體靠曝氣攪拌，厭氧反應載體靠機械攪拌。

(四) FO：正向滲透，水從溶質濃度低的地方流向高的地方，不須外壓力就可進行，透過兩側溶質濃度不同，使水分子流過半透膜，即利用滲透壓差達膜過濾效果，與需借外壓達過濾效果的RO不同。

二、有一流量為 1.5 立方公尺/秒的水流被分配導入到 3 個平行的管線，此 3
管線的直徑與長度分別是㈠ 25 公分與 50 公尺、㈡ 35 公分與 30 公尺、
㈢ 50 公分與 40 公尺。假設管線的磨擦係數是 0.015，試計算分別流入
此 3 管線的流量及水頭損失為多少？（20 分）

相關計算公式：$h_f = f\dfrac{L}{D}\dfrac{V^2}{2g}$

單位：V 為公尺/秒(m/s)；f 為磨擦係數；h_f、D、L 皆為公尺(m)

解答：

$Q = Q_1 + Q_2 + Q_3$

$\quad = A_1 V_1 + A_2 V_2 + A_3 V_3$

$\quad = \dfrac{\pi D_1^2}{4}V_1 + \dfrac{\pi D_2^2}{4}V_2 + \dfrac{\pi D_3^2}{4}V_3$

即 $1.5\text{m}^3/\text{s} = 0.049V_1 + 0.096V_2 + 0.196V_3$

∵水流分配導入3個平等管

∴3管線的水頭損失均相同為h_f

∵$h_f = f\dfrac{L}{D}\dfrac{V_1^2}{2g} = 0.015 \times \dfrac{50}{0.25} \times \dfrac{V_1^2}{2 \times 9.8} = 0.153V_1^2$

∴$V_1 = \sqrt{\dfrac{h_f}{0.153}} = \dfrac{\sqrt{hf}}{0.391} = 2.556\sqrt{hf}$

∵$h_f = f\dfrac{L}{D}\dfrac{V_2^2}{2g} = 0.015 \times \dfrac{30}{0.35} \times \dfrac{V_2^2}{2 \times 9.8} = 0.066V_2^2$

∴$V_2 = \sqrt{\dfrac{h_f}{0.066}} = \dfrac{\sqrt{hf}}{0.257} = 3.892\sqrt{hf}$

∵$h_f = f\dfrac{L}{D}\dfrac{V_3^2}{2g} = 0.015 \times \dfrac{40}{0.5} \times \dfrac{V_3^2}{2 \times 9.8} = 0.061V_3^2$

∴$V_3 = \sqrt{\dfrac{h_f}{0.061}} = \dfrac{\sqrt{hf}}{0.247} = 4.049\sqrt{hf}$

∴$1.5\text{m}^3/\text{s} = 0.049 \times 2.556\sqrt{hf} + 0.096 \times 3.892\sqrt{hf} + 0.196 \times 4.049\sqrt{hf}$

$\qquad = 0.125\sqrt{hf} + 0.374\sqrt{hf} + 0.794\sqrt{hf}$

$\qquad = 1.293\sqrt{hf}$

∴$h_f = 1.352\text{m}$……Ans 1

$$\therefore Q_1 = 0.049V_1 = 0.049 \times 2.556\sqrt{hf} = 0.145\text{m}^3/\text{s} \cdots\cdots \text{Ans 2}$$

$$Q_2 = 0.096V_2 = 0.096 \times 3.892\sqrt{hf} = 0.434\text{m}^3/\text{s} \cdots\cdots \text{Ans 2}$$

$$Q_3 = 0.196V_3 = 0.196 \times 4.049\sqrt{hf} = 0.923\text{m}^3/\text{s} \cdots\cdots \text{Ans 2}$$

三、有一 RO 系統處理含有 20 mg/L 硫酸根離子及 0.05 mg/L 鋇離子的放流水後回收再利用，產水回收率為 85%，且此 RO 系統對鋇離子及硫酸根離子的去除率為 90%。試計算此 RO 系統的濃排中鋇離子及硫酸根離子的濃度，並說明此濃排是否會造成在 RO 膜上產生硫酸鋇沉積物的現象。硫酸鋇的溶解度積 Ksp = 1 × 10⁻¹⁰。（20 分）

解答：

設進流量Q

進流濃度S_o

濃排濃度S_2

$$\therefore Q \times (1 - 85\%) \times S_2 = Q \times S_o \times 90\%$$

$$\therefore S_2 = 6S_o$$

即濃排鋇離子濃度 $= 6 \times 20\text{mg/L} = 120\text{mg/L} = \dfrac{120 \times 10^{-3}}{137} = 8.7 \times 10^{-4}\text{M}$

濃排硫酸根離濃度 $= 6 \times 0.05\text{mg/L} = 0.3\text{mg/L} = \dfrac{0.3 \times 10^{-3}}{32 + 16 \times 4} = 3 \times 10^{-6}\text{M}$

$$BaSO_4 \rightleftharpoons Ba^{+2} + SO_4^{-2}$$

$$[Ba^{+2}] \times [SO_4^{-2}] = 8.7 \times 10^{-4}\text{M} \times 3 \times 10^{-6}\text{M}$$

$$= 2.6 \times 10^{-9}\text{M} > Hsp = 1 \times 10^{-10}$$

$\therefore$ RO膜上會產生$BaSO_4$沉積物

四、有一寬度 0.5 公尺，表面平滑之水泥材質排水明渠道，其曼寧公式（Manning equation）粗糙係數為 0.0167。假設流經此渠道的排水流量為 300 立方公尺/小時，且流速維持在 1.5 公尺/秒，試計算此排水渠道的坡度為多少？（20 分）

相關計算公式：$V = \dfrac{1}{n}R^{\frac{2}{3}}S^{\frac{1}{2}}$

單位：V 為 m/s；n 為磨擦係數；R 為 m

解答：

由 $Q = AV$

$300\text{m}^3/\text{hr} = 0.083\text{m}^3/\text{s} = 0.5\text{m} \times \text{H} \times 1.5\text{m/s}$

得水位高 $H = 0.11\text{m}$

由 $V = \dfrac{1}{n} R^{2/3} S^{1/2}$

$\therefore 1.5\text{m/s} = \dfrac{1}{0.0167} \times \left[\dfrac{0.5 \times 0.11}{0.5 + 0.11 \times 2} \right]^{2/3} \times S^{1/2}$

$\therefore S^{1/2} = 0.136$

$\quad S = 0.019 \cdots\cdots \text{Ans}$

五、有一處理廢水之活性污泥系統之系統參數如下，進流廢水量：5,000 m^3/day、進流廢水溶解性 COD 濃度：400 mg/L、曝氣槽體積：1,000 m^3、曝氣槽內活性污泥濃度（MLVSS）：3,000 mg/L、廢棄污泥流量：59 m^3/day、廢棄污泥濃度（VSS）：8,000 mg/L、出流水 COD 濃度：5 mg/L。試計算此活性污泥系統之污泥停留時間及每天需要提供之氧氣量（kg O_2/day）。（20 分）

解答：

污泥停留時間 $= \dfrac{1000\text{m}^3 \times 3000\text{mg/L} \times 10^{-3}}{59\text{m}^3/\text{D} \times 8000\text{mg/L} \times 10^{-3}} = 6.36$天

每天處理COD量 $= 5000\text{m}^3/\text{D} \times (400 - 5)\text{mg/L} \times 10^{-3} = 1975\text{kg/D}$

曝氣槽污泥量 $= 1000\text{m}^3 \times 8000\text{mg/L} \times 10^{-3} = 8000\text{kg}$

設每去除1kgCOD需0.5kg的 O_2

每kg污性污泥每天需消耗0.1kg O_2

$\therefore$ 每天需提供之氧量 $= 1975\text{kg/D} \times 0.5 + 8000\text{kg} \times 0.1$

$\qquad\qquad\qquad\quad = 1788\text{kg } O_2/\text{D} \cdots\cdots \text{Ans}$

代號：00650
頁次：2-1

109年專門職業及技術人員高等考試建築師、32類科技師（含第二次食品技師）、大地工程技師考試分階段考試（第二階段考試）暨普通考試不動產經紀人、記帳士考試、109年第二次專門職業及技術人員特種考試驗光人員考試試題

等　　別：高等考試
類　　科：環境工程技師
科　　目：給水及污水工程
考試時間：2小時　　　　　　　　　　　　　　　座號：＿＿＿＿＿＿＿

※注意：㈠可以使用電子計算器。
　　　　㈡不必抄題，作答時請將試題題號及答案依照順序寫在試卷上，於本試題上作答者，不予計分。
　　　　㈢本科目除專門名詞或數理公式外，應使用本國文字作答。

一、㈠自來水廠使用硫酸鐵做化學混凝劑，若原水中添加 130 mg/L 之硫酸鐵，請問水中的鹼度會消耗多少 mg/L（as CaCO₃）？（10 分）

㈡若水中僅含有鹼度 30 mg/L（as CaCO₃），請問欲達到混凝效果尚須添加多少量的石灰？[註：硫酸鐵：鐵占 18.5%（wt%）；石灰：氯化鈣占 85%（wt%）]（10 分）

解答：

(一) $Fe_2(SO_4)_3 + 3Ca(HCO_3)_2 \rightarrow 2Fe(OH)_3 + 3CaSO_4 + 6CO_2$

∵ $\dfrac{130mg/L}{\dfrac{56\times2+(32+64)\times3}{1}} = \dfrac{Xmg/L}{\dfrac{40+(1+12+48)\times2}{3}}$

∴ $\dfrac{130}{400mg/L} = \dfrac{Xmg/L}{486}$

　X = 158mg/L……消耗鹼度

(二) $Ca(OH)_2 + Ca(HCO_3)_2 \rightarrow 2CaCO_3 \downarrow + 2H_2O$

$\dfrac{Xmg/L}{\dfrac{40+(17\times2)}{1}} = \dfrac{(158-30)mg/L}{\dfrac{40+(1+12+48)\times2}{1}}$

∴ $\dfrac{Xmg/L}{74} = \dfrac{128mg/L}{162}$

∴ X = 58mg/L……添加石灰量

二、(一)某自來水廠擬使用加氯消毒，試說明加氯消毒原理及加氯池設計準則為何？（10 分）

(二)加氯消毒池之設計先進行模廠追蹤劑試驗（Tracer test），測得其延散係數（Dispersion Number）為 0.01；假設加氯池停留時間為 15 分鐘，進流微生物濃度為 2×10^4 菌落數/100 ml（MPN），微生物之致死係數（Lethality Coefficient）為 2 min-L/mg，若殺菌率欲達 100% 時，其加氯濃度為何？（10 分）

解答：

(一) 加氯消毒一般加 $NaOCl$ 為強氧化劑，可快速殺死自來水中的病菌，且可使自來水中保持有殘存的有效餘氯，可繼續殺菌，使後端管線或貯槽中的病菌亦會被殺死。

加氯池設計一般需有 10～20mins 的水力停留時間，且要有攪拌混合設備方可有效殺菌。

(二) $K = \log \dfrac{N_1}{N_2} = C^n \times t$

殺菌率達 100%，假設殘留微生物濃度為 1 菌落數／100mL

$\therefore \log \dfrac{2 \times 10^4}{1} = C^{2min, L/mg} \times 15min$

$\dfrac{4.3}{15} = C^2$

$C = 0.54mg/L$

三、(一)試說明活性碳等溫吸附試驗方法及步驟，如何求得 Langmuir 及 Freundlich 模式之係數？（10 分）

(二)某工業廢水進流量為 400,000 L/day、進流濃度為 50 mg/L，擬採用活性碳處理，經等溫吸附試驗獲得下列結果：

$q_e = 20 \, C^{1.67}$

式中 q_e（吸附量）＝ mg TOC/mg(活性碳)

C（濃度）＝ mg/L as TOC

依據上述等溫試驗結果，若處理水質應控制在 10 mg/L as TOC，請問在「單階漿料反應器（Single Stage Slurry Reactor）」操作條件下推估所需之活性碳量為何？（10 分）

解答：

(一)各稱5、10、15、20mg之活性碳分別投入瓶杯中，亦將各100ml廢水投入杯中，混合後取上澄液分別測COD，以殘存COD值C為橫軸，以單位重量活性碳吸附COD量$\dfrac{X}{M}$為縱軸，繪出等溫吸附模式方程式

$$\frac{X}{M} = KC^{\frac{1}{n}}$$

兩邊取對數

$$\log \frac{X}{M} = \log K + \frac{1}{n} \log C$$

將斜線任何兩點值（$\dfrac{X}{M}$，C）代入方程式，即可因兩個方程式可解兩個未知數，求得K值、n值

(二) $q_e = 20 \times 50^{1.67} = 13750 \, mgTOC/mg$（活性碳）

所需活性碳量$\dfrac{400,000L/D \times (50-10)mg/L}{13,750} = 1,164mg$

四、(一)試分別定義生物活性污泥槽之污泥齡、需氧量及污泥產量，並繪圖說明污泥齡、需氧量及污泥量之關聯性，供污水處理廠人員作為設計及操作之參考。（10分）

(二)設計一單元操作試驗，說明其試驗方法及步驟，用以求得某染整廢水使用活性污泥法處理時之需氧量。（10分）

解答：

(一)1. 污泥齡：5～10天

$$SRT = \frac{曝氣池\ MLSS\ 量 + 終沈池及迴流管\ SS\ 量}{出流出\ SS\ 量 + 每天排泥量}$$

2. 需氧量：曝氣槽維持DO：2～3mg/L

需氧量 $U = a'Y + b'Z$

$U : kg/D$

　　　　　Y：去除之BOD (kg/D)

　　　　　Z：MLSS量kg

　　　　　a' = 0.35～0.5kgO_2/kgBOD

　　　　　b' = 0.05～0.24kgO_2/kgBOD

即每去除1kgBOD，微生物需消耗0.35～0.5kgO_2

每1kgMLSS每天需0.05～0.24kgO_2

3. 污泥產量

　　即BOD轉化成污泥量－MLSS成長所消耗的污泥量

　　= aY – bMLSS×V×10^{-3}

　　a：BOD污泥轉換率(0.5～0.8)MLSSkg/BODkg

　　b：MLSS體內氧化率(0.01～0.1)MLSSkg/kgMLSS.D

　　Y：BOD去除量kg = $QS_0\eta×10^{-3}$

　　Q：流量m^3/D

　　S_0：進流BOD mg/L

　　η：去除率

　　V：曝氣池體積

(二)

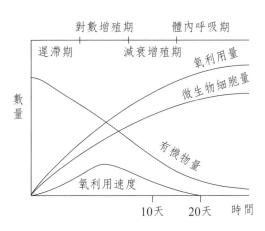

1. 污泥齡維持在5～10天，對有機物的消化速度較快，對氧的利用
　速度亦較快，故需適度的排泥來維持，要有一定的污泥產量。

2. 污泥齡若過長，形成老化污泥，雖污泥會自我消化，污泥量較少，但老化污泥氧的利用量少，有機物的分解能力亦低。

3. 故選減衰增殖期微生物細胞量較多，殘存有機物量較少，污泥產量亦較少，最適合，再從上圖求得氧利用量。

五、某污泥濃縮池設計前先進行模廠測試，實驗數據如下：

懸浮微粒濃度（Kg/m³）	速度（m/sec）
2.0	1.02×10^{-3}
3.0	0.66×10^{-3}
4.0	0.39×10^{-3}
5.0	0.24×10^{-3}
6.0	0.15×10^{-3}
7.0	0.096×10^{-3}
8.0	0.061×10^{-3}
9.0	0.038×10^{-3}

依據上述實驗資料，若假設沉澱池進流量為 1.0 m³/sec、懸浮微粒濃度為 2,500 mg/L 及底流（underflow）濃度為 10,000 mg/L，請推估沉澱池底部之面積為何？（20 分）

解答：

（一）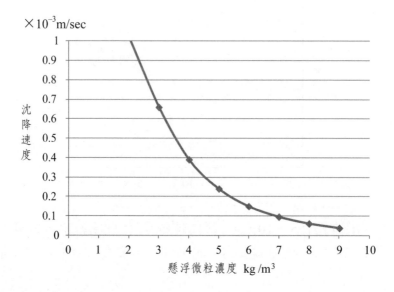

由圖可知10000mg/L ＝ 10kg/m^{3}之微粒的沉降速度

為0.02×10^{-3}m/sec

再由A ＝ $\dfrac{Q}{V}$ ＝ $\dfrac{1m^3/S}{0.02×10^{-3}m/s}$

　　　 ＝ 5×10^{4}m^2⋯⋯池底面積

108年專門職業及技術人員高等考試建築師、
25類科技師（含第二次食品技師）考試暨　　代號：00650　　全一頁
普通考試不動產經紀人、記帳士考試試題

等　　別：高等考試
類　　科：環境工程技師
科　　目：給水及污水工程
考試時間：2小時　　　　　　　　　　　　　座號：＿＿＿＿＿＿＿＿

※注意：㈠可以使用電子計算器。
　　　　㈡不必抄題，作答時請將試題題號及答案依照順序寫在試卷上，於本試題上作答者，不予計分。
　　　　㈢本科目除專門名詞或數理公式外，應使用本國文字作答。

一、A 及 B 兩個儲水池的高程分別為 350 m 及 365 m，利用一抽水機及直徑為 500 mm，長度為 500 m 的鑄鐵管將水從 A 池抽至 B 池。假設此抽水機的特性曲線以下式表示：

$$H = 25 - 30Q^2$$

H 及 Q 分別為水頭（m）及流量（m^3/s）。

假設次要的摩擦損失及出水水頭可以忽略，主要的摩擦損失以下面的赫茲-威廉公式（Hazen-Williams Formula）計算。其中流速係數 C 假設為 100。

$$V = 0.84935 \times C \times R^{0.63} \times S^{0.54}$$

試回答下列問題：
㈠抽水機的抽水量、總揚程及水馬力數為何？（15分）
㈡若購買相同型式的抽水機兩部且並聯操作，則此時的抽水量為何？（10分）

解答：

(一) 1. 次要摩擦損失及出水水頭忽略下：

$$H = 25 - 30Q^2$$

$$(365-350) = 25 - 30Q^2$$

$$30Q^2 = 25 - 15 = 10$$

$$Q^2 = \frac{10}{30} = \frac{1}{3}$$

$$Q = 0.57 m^3/S$$

2. $V = 0.84935 \times C \times R^{0.63} \times S^{0.54}$

$$\because R = \frac{\frac{\pi D^2}{4}}{\pi D}$$

$$\therefore V = 0.35464 CD^{0.63} \times S^{0.54}$$

$$= 0.35464 \times 100 \times 0.5^{0.63} \times \left(\frac{365 - 350}{500}\right)^{0.54}$$

$$= 35.464 \times 0.646 \times 0.15$$

$$= 3.45 \text{m/sec}$$

$$H_1 = f \frac{L}{D} \frac{V^2}{2g}$$

$$f = 0.02 + \frac{1}{2,000 \times D}$$

$$= 0.02 + \frac{1}{2,000 \times 0.5}$$

$$= 0.021$$

$$H_1 = 0.021 \times \frac{500}{0.5} \times \frac{(3.45)^2}{2 \times 9.8}$$

$$= 0.021 \times 1,000 \times 0.6$$

$$= 12 \text{m}$$

總揚程 $H = H_1 + H_2 = 12\text{m} + (365 - 350)\text{m} = 27\text{m}$

3. 水馬力數

$$Hp = \frac{HQr}{75}$$

$$= \frac{27 \times 0.57 \times 1,000}{75} = 205 Hp$$

(二)

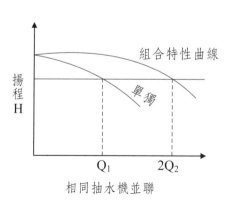

相同抽水機並聯

∴相同抽水機並聯使用時，抽水量加倍。

二、試說明典型都市污水處理廠的污泥種類，並繪製處理污泥的流程及說明各單元的目的。（25分）

解答：

(一) 典型都市污水處理廠的污泥種類為：有機污泥，主要為老化的生物污泥及殘存的有機物（COD、BOD、SS）。

(二)

終沈池 ⟶ 上澄液消毒放流

⟶ 污泥濃縮池 ⟶ 污泥消化槽 ⟶ 調理槽 ⟶ 脫水 ⟶ 污泥餅運棄

1. 污泥濃縮池：讓污泥體積變小，含水率變低。
2. 污泥消化槽：讓生物在沒有食物（BOD）下，進行體內消化，行內呼吸作用，消耗體內的細胞質，以提供細胞生存所需的能量，達到污泥減量的目的，污泥也會較安定，易脫水。
3. 污泥調理槽：加調理劑（polymer），使污泥凝聚與水分離而易於脫水。
4. 污泥脫水：以污泥脫水機或曬乾床，讓污泥含水率降低，形成污泥餅，減運棄運費及處理費。

三、以傳統 AO 生物程序（Anoxic-Oxic Process）處理含氨氮廢水與厭氧氨氧化程序（Anaerobic ammonium oxidation, ANAMMOX）處理含氨氮廢水各有其優缺點，試回答下列問題：
(一) 試繪製 AO 生物程序處理含氨氮廢水流程圖，並說明各單元的功能。（10分）
(二) 試說明如何以 ANAMMOX 程序處理含氨氮廢水，並說明 ANAMMOX 程序的優點及最適合 ANAMMOX 菌生長之條件。（15分）

解答：

(一) AO生物程序：

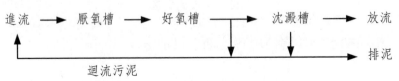

好氧槽行硝化功能：$NH_3 \rightarrow NO_2^- \rightarrow NO_3^-$

厭氧槽行脫硝功能：$NO_3^- \rightarrow NO_2^- \rightarrow N_2O \rightarrow N_2$

(二) 1. 厭氧氨氧化程序，厭氧氨氧化微生物以亞硝酸氮為電子接受者，並透過代謝，將氨氮在無氧條件下轉換為氮氣。

2. 有別於傳統硝化脫氮程序，污泥產量少且比較省動力，不需曝氣，此類型微生物的生長代謝速率極低，對有機物及溶濃度等環境條件，非常敏感。

3. 最適合ANAMMOX菌條件為　DO < 0.5mg/L

溫度35～40℃

C/N < 0.5

pH 7.5～8.5

四、除了以化學還原法利用還原劑將電鍍廢水中的六價鉻還原成三價鉻離子，接著於高pH值下，使三價鉻形成氫氧化鉻沉澱去除外，也可利用鐵為犧牲電極的電化學處理方法完全去除廢水中的六價鉻。試回答下列問題：
(一)說明電化學處理六價鉻方法中陽極及陰極可能發生的反應，並說明六價鉻於電化學處理系統中被去除的主要機制。(10分)
(二)若一電鍍工廠產生 50 CMD 含六價鉻廢水的濃度為 26 mg Cr^{6+}/L。試設計一電化學處理程序（包含單元體積及電化學操作需要的電流值等）。假設該處理程序每日運轉 8 小時。(15分)（Cr 原子量：52）

解答：

(一) 1. 陽極：鐵為犧牲電極，會解離成為二價Fe^{++}，與水中OH^-形成$Fe(OH)_4^-$及$Fe(OH)_3$膠羽，Cr^{+6}會被$Fe(OH)_4^-$或$Fe(OH)_3$膠羽吸附後再伴隨膠羽共同沉澱後形成污泥而經沉澱池排泥去除。

陰極：Cr^{+6}會由下式反應形成$Cr(OH)_3$之污泥而去除

$$Cr_2O_7^{-2} + 6e^- + 7H_2O \rightarrow 2Cr^{+3} + 140H^- \rightarrow Cr(OH)_3 \downarrow$$

2. Cr^{+6}在電化學處理系統中，主要去除機制為在陰極中被還原成Cr^{+3}，再與OH^-形成$Cr(OH)_{3(s)} \downarrow$之污泥而沉降去除。

(二) 電鍍單元之水利停留時間為10mins

單元體積 $V = Q \times T = 50m^3/D \times \dfrac{10mins}{8hr \times 60mins/hr} D = 1m^3$

操作電流 $= 180A/m^2$

代號：00650
頁次：3-1

107年專門職業及技術人員高等考試
建築師、技師、第二次食品技師考試暨
普通考試不動產經紀人、記帳士考試試題

等　　別：高等考試
類　　科：環境工程技師
科　　目：給水及污水工程
考試時間：2小時　　　　　　　　　　　　座號：＿＿＿＿＿＿＿

※注意：(一)可以使用電子計算器。
　　　　(二)不必抄題，作答時請將試題題號及答案依照順序寫在試卷上，於本試題上作答者，不予計分。
　　　　(三)本科目除專門名詞或數理公式外，應使用本國文字作答。

一、利用馬達將分水井中的原水輸送至沉砂池中進行處理，相關資料如下所示：

  1.高程：

    分水井底高程（EL.）為 0.00 m

    分水井水面平均高程（EL.）為 2 m

    抽水機中心軸高程（乾井，Dry Pump）中心點高程（EL.）為 1 m

    沉砂池水面平均高程（EL.）為 15 m

  2.管線與相關閥件：

    從分水井至馬達端所需的管線與相關閥件數量如下，管線直線距離可忽略不計：

項目	C（管線）或 K（閥件等次要損失）	長度（m）或個數
管徑 D 為 450 公釐（mm）	100	0
底閥	0.20	2
90°彎頭（Elbows）	0.30	1
減縮管	0.20	2
逆止閥	2.50	1
三向閥	1.80	1
吸水口（Suction Bell）	0.10	1

    從馬達到沉砂池端所需的管線與相關閥件：

項目	C（管線）或 K（閥件等次要損失）	長度（m）或個數
管徑 D 為 750 公釐（mm）	100	100
蝶閥（Plug valve）	1.00	1
90°彎頭（Elbows）	0.30	2
45°彎頭（Elbows）	0.25	2
分水閥（Wye branch）	0.40	1

3.相關計算公式：

$$h_f = 6.82(\frac{V}{C})^{1.85} \times \frac{L}{D^{1.167}} \text{（主要損失）} \qquad h_v = \frac{V^2}{2g} \text{（速度水頭）}$$

$$h_m = K \times \frac{V^2}{2g} \text{（次要損失）}$$

單位：Q 為 m³/s；V 為 m/s；C 為粗糙係數；h_f、h_m、h_v、D、L 皆為 m

4.抽水機馬達之特性曲線：

水頭（m）	流量（m³/s）
20	0
15	0.30
10	0.45
5	0.50

請針對以下問題進行作答：

(一)請繪出此一系統，包含分水井、馬達、沉砂池等之簡易配置圖並標示高程。(5分)

(二)請畫出系統水頭曲線（10分）與抽水機率定曲線。(5分)

(三)請說明操作抽水量與抽水機台數及其配置。(5分)

(四)請計算在此操作水量下，所需理論抽水機動力。(5分)

解答：

(一) 簡易配置圖：

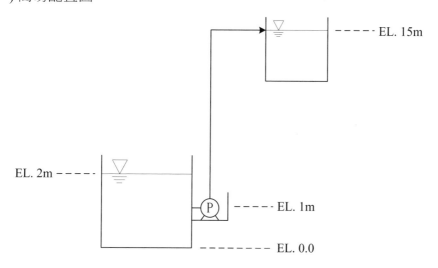

(二) 抽水機之系統水頭曲線：

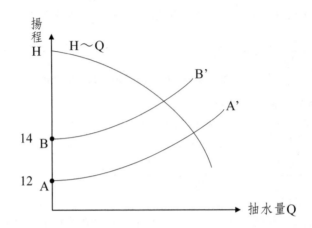

A：最低淨揚程

B：最高淨揚程

抽水量增加，各種損失水頭亦加大，抽水機實際操作範圍在AA'與BB'之間。

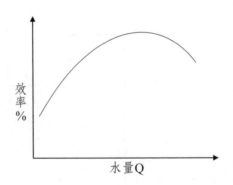

抽水機水量太大或揚程太高，效率都降低。

(三)

1. 由抽水機入水端管徑450mm，而出水端管徑為750mm，可知現場配置為多台抽水機並列配置，為增加出水量，所以出水端管徑才會變大。

2. 由 $Q = VA = V\dfrac{\pi D^2}{4}$

假設出入口管中流速V一樣，$V_1 = V_2$

$$\frac{Q_2}{Q_1} = \frac{V_2}{V_1} \times \frac{\dfrac{\pi D_2^2}{2}}{\dfrac{\pi D_1^2}{4}}$$

$$= \frac{D_2^2}{D_1^2} = \frac{(750)^2}{(450)^2} = 2.78$$

由出入水量可知，現場有3台抽水機並聯，

由 $hm = K\dfrac{V^2}{2g}$，假設 $V = 1\,m/s$

入水端

$$h_m = (0.2 \times 2 + 0.3 \times 1 + 0.2 \times 2 + 2.5 \times 1 + 1.8 \times 1 + 0.1 \times 1)$$

$$\times \frac{1^2}{2 \times 9.8}$$

$$= 5.5 \times \frac{1}{19.6} = 0.28\,m$$

出水端

$$h_r = 6.82 \left(\frac{V}{C}\right)^{1.85} \times \frac{L}{D^{1.167}}$$

$$= 6.82 \left(\frac{1}{100}\right)^{1.85} \times \frac{100}{(0.75)^{1.167}}$$

$$= 1.36 \times 10^{-3} \times 140$$

$$= 0.19\,m$$

$$h_m = (1 \times 1 + 0.3 \times 2 + 0.25 \times 2 + 0.4 \times 1) \times \frac{1^2}{2 \times 9.8}$$

$$= 2.5 \times \frac{1}{19.6} = 0.13\,m$$

$$h_v = \frac{V^2}{2g} = \frac{1}{2 \times 9.8} = 0.05\,m$$

$$\therefore 總揚程 = 最大淨揚程 + 入水端h_m + 出水端h_f + h_m + h_v$$
$$= 14m + 0.28m + 0.19m + 0.13m + 0.05m$$
$$= 14.65m$$

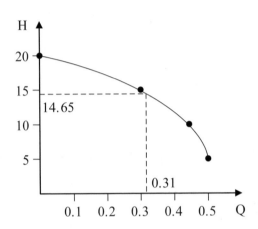

由抽水機H～Q曲線求得，總揚程為14.65m時，出水水量為0.31m³/s。

(四) 抽水機動力

$$= \frac{HQr}{750} = \frac{14.65m \times 0.31m^3/s \times 9,800N/m^3}{750}$$
$$= 60Hp$$

二、利用陽離子交換程序處理廢水中的鎘離子[Cd(II)]，在管柱中裝填1公斤陽離子交換樹脂後，通入含有固定初始濃度為5 mg/L 之 Cd(II)廢水溶液並在管柱出口處量測 Cd(II)濃度，如下表所示。已知 Cd(II)的放流水標準為 0.03 mg/L，請繪製陽離子交換貫穿曲線並在圖上標示代表被交換去除量之區域（5 分）及評估應用此種陽離子交換樹脂處理 Cd(II)的操作容量（以當量表示）。（15 分）

（鎘原子量為 112 g/mol）

流經體積（V）公噸（m³）	5	10	15	20	25	30	35	40	45	50	55
出口處 Cd(II)濃度 mg Cd(II)/L	0	0	0	0	0.01	0.03	0.1	1.34	2.65	4.1	5

解答：

(一) 理論水馬力：

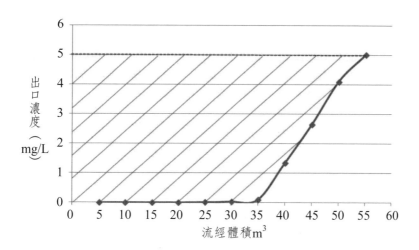

上圖斜線部分代表被交換去除量

(二) 樹脂操作容量：

$$5mg/L \times 20m^3 + \frac{(5+4.99)mg/L \times 5m^3}{2} + \frac{(4.99+4.97)mg/L \times 5m^3}{2}$$

$$+ \frac{(4.97+4.9)mg/L \times 5m^3}{2} + \frac{(4.9+3.66)mg/L \times 5m^3}{2}$$

$$+ \frac{(3.66+2.35)mg/L \times 5m^3}{2} + \frac{(2.35+0.9)mg/L \times 5m^3}{2} + \frac{(0.9)^2 \times 5}{2}$$

$$= 100g + 24.97g + 24.9g + 24.68g + 21.4g + 15g + 8.1g + 2.25g$$

$$= 221.3g$$

$$\frac{221.3g}{112g/mol} = 1.98mole$$

∴樹脂操作容量為每公斤1.98mole之(CdⅡ)

三、利用生物活性污泥法處理初級沉澱池出流水使二級沉澱池出流之 BOD_5 為 5 mg/L，請依以下數據設計污泥停留時間（5 分）、污泥產量/廢棄量（5 分）、污泥迴流率（5 分）、食微比（5 分）及說明此生物處理系統對於微量的新興污染物（如環境荷爾蒙）之主要去除機制（5 分）。

補充數據：

$Q=4000$ CMD(m^3/day)；進流 $BOD_5=200$ mg/L；MLSS=2500 mg/L；$Y=0.5$ g MLVSS/g BOD_5；$k_d=0.06$ day^{-1}；$k=5$ day^{-1}；$K_S=50$ mg BOD_5/L；MLVSS/MLSS=0.8；迴流污泥濃度=10000 mg/L。

解答：

(一) 污泥停留時間：

由 $\mu=\dfrac{K\times S}{K_S+S}=\dfrac{5\times 5}{50+5}=0.45$

再由 $\mu=\dfrac{1}{\theta_c}$，求得污泥停留時 $\theta_c=2.2$ 天

(二) 污泥產量／廢棄量：

由 $\mu=\dfrac{1}{\theta_c}=Y\times U-K_d=Y\times\dfrac{Q\times 進流\,BOD}{MLSS\times V}-K_d$

$\therefore 0.45=0.5\times\dfrac{4,000m^3/D\times 200mg/L}{2,500mg/L\times 0.8\times V}-0.06$

$0.51=0.5\times\dfrac{400}{V}$

生物曝氣池體 $V=392m^3$

絕乾污泥產量 $=\dfrac{2,500mg/L\times 392m^3\times 10^{-3}}{2.2\,天}=445kg/D$

含水率80%之污泥產量 $=\dfrac{445kg/D}{(1-80\%)}=2,225kg/D$

(三) 污泥回流率

由 $C_A=C_r\times\dfrac{r}{1+r}$

$2,500mg/L=10,000mg/L\times\dfrac{r}{1+r}$

$0.25=\dfrac{r}{1+r}$

迴流率r = 0.33 = 33%

(四) 食微比

$$F/M = \frac{4,000m^3/D \times 200mg/L}{2,500mg/L \times 0.8 \times 392m^3} = 0.102$$

(五) 新興污染物對活性污泥池中的微生物都是有毒性，不易生物分解的，本系統藉由污泥停留時間較短，大量排泥，把生物不易分解而吸附在生物體內的新興污染物排掉。

四、因部分地區之下水道普及率不高導致水肥仍須委由水肥車抽出後運送委外處理。但是目前各縣市未全面設有水肥處理廠，因此必須委由民生生活污水廠或是工業區事業廢水處理廠進行處理以解決問題，請說明：

(一)水肥若未經處理而排放至河川水體，對於河川污染指標（River Pollution Index）與水質的影響。（5分）

(二)水肥委由民生生活污水廠或是工業區事業廢水處理廠進行處理時，對原處理水之放流水水質與承受水體河川所造成的影響。（5分）

(三)若委託具有活性污泥二級生物處理之民生生活污水廠代為處理水肥，則水肥投入點及處理單元與設備應如何調整或是新增設備以減輕對原處理單元之負荷及降低污水廠鄰近民眾的抱怨，請設計一具有活性污泥二級生物處理程序之民生生活污水廠並加入水肥處理流程以說明之。（15分）

解答：

(一) 會使河川污染指標中的BOD、SS、NH₃–N濃度上升，DO也因而下降，水質就會變差。

(二) 水肥投入點為污泥濃縮槽，污泥濃縮槽應加大，後端的污泥消化槽，污泥調理槽及污泥脫水設備都應加大。

(三) 處理流程

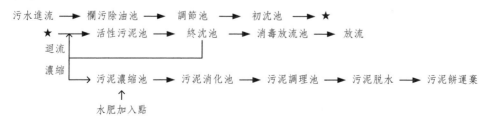

106年專門職業及技術人員高等考試
建築師、技師、第二次食品技師考試暨　代號：00650　全一張
普通考試不動產經紀人、記帳士考試試題　　　　　　　　（正面）
等　　別：高等考試
類　　科：環境工程技師
科　　目：給水及污水工程
考試時間：2小時　　　　　　　　　　　　　　座號：_____
※注意：㈠可以使用電子計算器。
　　　　㈡不必抄題，作答時請將試題題號及答案依照順序寫在試卷上，於本試題上作答者，不予計分。
　　　　㈢本科目除專門名詞或數理公式外，應使用本國文字作答。

一、有一抽水系統，設計抽水量為 3.0 m³/min，總動水頭為 35 m，假定抽水機效率為80%，
試求：
㈠理論水馬力。（5分）
㈡抽水機制動馬力。（5分）
㈢請說明抽水機親和定律為何。（5分）

解答：

(一) 理論水馬力：

$$HQr = \dfrac{35m \times 3.0\,m^3/min \times \frac{1}{60}\,min/sec \times 9{,}800N/m^3}{750} = 22.87HP$$

(二) 制動馬力：

$$\dfrac{理論水馬力}{抽水機效率} = \dfrac{22.87HP}{80\%} = 28.59HP$$

取30HP（市場有的規格品）

(三) 親和定律（Affinity Law）

同一種離心式抽水機，在口徑D不變，不同轉速N下，抽水量Q、
揚程H，使用動力P與轉速之關係如下：

$$\dfrac{Q_1}{Q_2} = \dfrac{N_1}{N_2}$$

$$\dfrac{H_1}{H_2} = \dfrac{N_1^2}{N_2^2}$$

$$\dfrac{P_1}{P_2} = \dfrac{N_1^3}{N_2^3}$$

親和定律可用來檢討改變轉速N後，對抽水量、揚程及使用動力之影響。

二、由於氣候變遷，目前臺灣各地經常面臨強降雨的情況。今有一雨水下水道管，其管長 1,200 公尺、管內流速 1 m/s、流入時間為 5 分鐘及逕流係數為 0.8 時，如自 1900 年至 2000 年之水文資料推估暴雨率式為 I=3,000/（t+35），而 2001 年之後暴雨率式為 I=6,000/（t+35），試問：

(一) 1990 年時每公頃有多少逕流量？（3 分）

(二) 2020 年時每公頃有多少逕流量？（3 分）

(三) 如採逕流抑制型下水道系統設計使逕流係數降至 0.4，則 2020 年時每公頃有多少逕流量。（4 分）

(四) 請說明有那些逕流抑制構造。（5 分）

解答：

(一) $I = 3000/5 + 35 = 75mm/hr$

$Q = 1/360CIA$

$= 1/360 \times 0.8 \times 75mm/hr \times 1$公頃

$= 0.17m^3/sec$

(二) $I = 6000/5 + 35 = 150mm/hr$

$Q = 1/360CIA$

$= 1/360 \times 0.8 \times 150mm/hr \times 1$公頃

$= 0.34m^3/sec$

(三) 2020年之$I = 150mm/hr$

$Q = 1/360CIA$

$= 1/360 \times 0.4 \times 150mm/hr \times 1$公頃

$= 0.17m^3/sec$

(四) 1. 透水式植草磚。

2. 階梯式緩坡。

3. 湖泊、水庫等貯留水設施。

4. 砂礫透水設施。

5. 植草坪、種樹吸收逕流水。

三、我國下水道設計時 BOD 濃度之設計值為 180-220 mg/L，惟目前多數污水廠之進流水均未達 100 mg/L，試說明：
(一) BOD 偏低可能的原因為何？（5 分）
(二) BOD 偏低將造成什麼結果？（5 分）
(三) 如何解決？（10 分）

解答：

(一) 因地下之下水道管線老舊，又因台灣地震頻繁，造成管線接管彎頭處大量滲入地下水，將BOD稀釋了。

(二) 因$F/M = 0.2 \sim 0.4 = \dfrac{BOD \times Q}{MLSS \times V}$

在進流量Q及生物曝氣池體積V固定下，BOD值愈小，MLSS就愈小，所以BOD偏低，將便生物曝氣池中的微生物濃度偏低，污泥會膨化解體上浮，造成沉澱池沉澱效果不佳，出水水質惡化。

(三) 解決方法：

1. 下水道管線整修，內襯具彈性的PU材質內膜，使地下水不會再滲入管線。

2. 減少曝氣池的曝氣風量或減少曝氣時間或間歇曝氣。

四、有一每日處理量為48,000 CMD 之活性污泥槽，其曝氣池體積合計為12,000 m³，MLSS 為 2,000 mg/L；沉澱池體積合計 4,000 m³，MLSS 為 8,000 mg/L，每天自沉澱池排泥量 1,000 m³，沉澱池出流水之 SS 為 5 mg/L，取一升曝氣池污泥沉降半小時後之體積為 300 mL，污泥原含水率 99%、經重力濃縮及離心脫水後含水率降至 75%，試問：
(一) 水力停留時間為多少小時。（4 分）
(二) SVI 為多少 mL/g。（4 分）
(三) 污泥經離心脫水後體積為多少 m³。（4 分）
(四) 污泥停留時間為多少天。（4 分）
(五) 如以污泥停留時間來看，請說明此污泥是否具有硝化能力。（4 分）

解答：

(一) 曝氣池水力停間：

$$\frac{V}{Q} = \frac{12,000 \text{m}^3}{48,000 \text{m}^3/\text{D}} \times 24 \text{hrs/D} = 6 \text{hrs}$$

沉澱池水力停留時間：

$$\frac{V}{Q} = \frac{4,000m^3}{48,000m^3/D} \times 24hrs/D = 2hrs$$

(二) $SVI = \dfrac{30min\ 沉澱率（\%）\times 10^4}{MLSS(mg/L)}$

$$= \frac{\frac{300}{1,000} \times 100 \times 10^4}{2,000}$$

$$= 150$$

(三) $\dfrac{1,000m^3/D \times (1-99\%)}{V} = (1-75\%) = 25\%$

$\therefore V = 40m^3/D$

(四) $SRT = \dfrac{曝氣池\ MLSS + 沉澱池\ MLSS}{出流水\ SS + 排泥量}$

$$= \frac{2,000mg/L \times 12,000m^3 + 8,000mg/L \times 4,000m^3}{5mg/L \times 48,000m^3/D + 8,000mg/L \times 1,000m^3/D}$$

$$= \frac{56 \times 10^6}{8.24 \times 10^6}$$

$$= 6.8天$$

(五) 污泥硝化時間約5～7天

　　$SRT = 6.8天$，已具硝化能力

五、有一進水量 48,000 CMD 的水再生廠擬用快砂濾池+MF+RO 程序進行處理，其溶解性 BOD 為 25 mg/L，SS 為 20 mg/L，導電度為 350 μS/cm，如快砂濾池之濾速為 300 m³/m²·day，SS 去除率為 95%，產水率 99%；MF 通量為 20 LMH，SS 去除率為 99%，產水率 95%；RO 產水率為 75%，脫鹽率為 99.9%，通量為 20 LMH，請問：

(一)快砂濾池之表面積為多少 m²。（4 分）

(二)MF 膜所需面積為多少 m²。（4 分）

(三)RO 膜所需面積為多少 m²。（4 分）

(四)RO 處理後之導電度為 μS/cm。（4 分）

(五)整廠產水量為多少 CMD。（4 分）

解答：

(一) $A = \dfrac{Q}{濾速} = \dfrac{48,000\text{m}^3/\text{D} \times 99\%}{300\text{m}^3/\text{m}^2 \cdot \text{D}} = 158.4\text{m}^2$

(二) 通量LMH $= \text{L/m}^2 \cdot \text{hr}$

$A = \dfrac{48,000\text{m}^3/\text{D} \times 95\%}{20\text{L/m}^2 \cdot \text{hr} \times 10^{-3}\text{m}^3/\text{L} \times 24\text{hrs/D}} = 95,000\text{m}^2$

(三) 通量LMH $= \text{L/m}^2 \cdot \text{hr}$

$A = \dfrac{48,000\text{m}^3/\text{D} \times 75\%}{20\text{L/m}^2 \cdot \text{hr} \times 10^{-3}\text{m}^3/\text{L} \times 24\text{hrs/D}} = 75,000\text{m}^2$

(四) $350\mu\text{s/cm} \times (1 - 99.9\%) = 0.35\mu\text{s/cm}$

(五) $48000\text{CMD} \times 99\% \times 95\% \times 75\% = 33858\text{CMD}$

六、我國於民國 104 年通過再生水資源發展條例，規定如有缺水之虞地區需使用一定比例再生水。目前再生水來源可分為工業區綜合廢水處理廠及都市污水處理廠的系統再生水，以及工業用水大戶及都市用水大戶的非系統再生水等四股水源，並以推動再生水供應為工業用水為主。試問：

(一)我國可能的缺水地區為何？（5分）

(二)如以供水量及產水成本考量，上述四股水產製再生水的優先順序為何？（5分）

解答：

(一)

　　1. 中南部地區降雨量較少是可能缺水地區。

　　2. 竹科及南科有高科技大廠是用水大戶，也可能造成缺水。

(二) 優先順序為：

　　1. 工業用水大戶。

　　2. 都市用水大戶。

　　3. 都市污水處理廠。

　　4. 工業區綜合廢水處理廠。

105年專門職業及技術人員高等考試建築師、
技師、第二次食品技師考試暨普通
考試不動產經紀人、記帳士考試試題

代號：00650

全一張
（正面）

等　　別：高等考試
類　　科：環境工程技師
科　　目：給水及污水工程
考試時間：2 小時

座號：＿＿＿＿＿＿＿＿

※注意：㈠可以使用電子計算器。
　　　　㈡不必抄題，作答時請將試題題號及答案依照順序寫在試卷上，於本試題上作答者，不予計分。

一、某廠進水設施擬採用管徑(Φ800 mm，外徑 842 mm)的鑄鐵輸水管線抽送30,000 CMD
水量至 15 km 外的配水池。輸水管線每公尺管重 414 kg，管溝開挖寬($\frac{4}{3}$D'+30)cm，
D'為管外徑(cm)。其中配水池與抽水井平均水位差為 50 m，S 為摩擦坡降(m/km)，可
用赫茲威廉公式 $V = 0.35464CD^{0.63}S^{0.54}$ 估計，其中 C＝摩擦係數＝100，D 為管內徑
(m)，且可忽略次要損失。抽水機馬力 HP＝QH/75E，其中 E 為抽水機效率，設為75%，
Q 之單位為 ℓ，H 之單位為 m。試計算此輸水工程建設費用（萬元）？（25 分）

所需附屬設備及工程項目費用參考如下：

項目	費用（元）
5 個空氣閥	10,000/個
3 個排泥閥	40,000/個
1 個公路交叉工	20,000/個
鑄鐵管	10,000/噸
抽水機	10,000/HP
電力費	1 KW/hr
土工費	50/m³

解答：

(一) 建設費

　　1. 土工費

　　　　管溝開挖寬 = (4/3D' + 30)cm

　　　　　　　　　 = (4/3×84.2 + 30)cm

　　　　　　　　　 =143cm

　　　　設埋管之覆土深度為1m

　　　　則開挖深度為1.842m

開挖土方為 $= 1.43\text{m} \times 1.84\text{m} \times 15000\text{m} = 39468\text{m}^3$

土工費 $= 50$元$/\text{m}^3 \times 39468\text{m}^3 = 1,973,400$元

2. 鑄鐵管費

$10,000$元$/$噸$\times 414\text{kg/m} \times 1500\text{m} \times 10^{-3}$噸$/\text{kg} = 62,100,000$元

3. 抽水機費

$Q = 30000\text{CMD} = 347\text{L/sec}$

$Hp = QH/75E$

$\quad = 347\text{L/sec} \times 50\text{m}/75 \times 75\%$

$\quad = 308\text{HP}$

$10,000$元$/\text{HP} \times 308\text{Hp}$

$= 3,080,000$元

4. 空氣閥

$10,000$元$/$個$\times 5$個$= 50,000$元

5. 排泥閥

$40,000$元$/$個$\times 3$個$= 120,000$元

總建設費 $= 50,000$元$+ 120,000$元$+ 20,000$元$+ 1,973,400$元

$\qquad + 62,100,000$元$+ 3,080,000$元$= 6,734$萬元

(二) 每日操作電費

$V = 0.35464\ CD^{0.63}S^{0.54}$

$\quad = 0.35464 \times 100 \times 0.8^{0.63} \times 50/15000^{0.54}$

$\quad = 00.35464 \times 100 \times 0.86 \times 0.045$

$\quad = 01.4\text{m/sec}$

管子可承受的水流量：

$Q = AV = \pi/4(0.8)^2 \times 1.4\text{m/sec} = 0.7\text{m}^3/\text{sec}$

$30000\text{m}^3 \div 0.7\text{m}^3/\text{sec} = 42857\text{sec} = 11.9\text{hrs}$

每日電費

$308\text{HP} \times 0.75\text{KW/HP} \times 11.9\text{hrs}/$日$\times 1$元$/\text{KW.hr} = 2749$元$/$日

二、土壤蒸氣萃取法（soil vapor extraction）在設計上，其單位井篩長度之氣體流量(Q/H)與操作井之半徑大小(R_w)及其真空壓力(P_w)之關係，可以下式估計：

$$\frac{Q}{H} = \pi \frac{k}{\mu} P_w \frac{\left(1-(P_{atm}/P_w)^2\right)}{\ln(R_w/R_i)}$$

式中，k 為土壤氣體滲透度（permeability），μ 為黏滯度，R_i 為井之影響圈半徑，P_{atm} 為大氣壓力。若一污染場址估計有 5,000 kg 之 BETX 在未飽和之砂土中（其組成與特性如下表所示），若欲應用土壤蒸氣萃取法來進行整治，請估計將 BETX 完全清除所需花費之時間為多少？（已知該砂土之氣體滲透度為 10 darcys 或 1×10^{-7} cm^2，操作井之半徑為 5.1 cm，井篩長 2 m，此井當其真空壓力控制於 0.9 atm 時其影響圈半徑為 12 m；20℃時空氣之黏滯度為 1.8×10^{-4} g/cm-s）（25 分）

	Benzene	Ethylbenzene	m-Xylene	Toluene
重量%	11%	11%	52%	26%
蒸氣壓(20°C)(atm)	0.10	0.0092	0.0080	0.029

解答：

已知 K = 1×10^{-7} cm^2

R_W = 5.1cm = 0.051m

R_i = 12m

H = 2m

P_W = 0.9atm

μ = 1.8×10^{-4} g/cm・s

P_{atm} = 0.1×11% + 0.0092×11% + 0.008×52% + 0.029×26%

　　= 0.011 + 0.001012 + 0.00416 + 0.00754

　　= 0.0237atm

由公式

$$\frac{Q}{2} = \pi \frac{1\times10^{-7}}{1.8\times10^{-4}} \times 0.9 \times \frac{[1-(0.0237/0.9)^2]}{\ln(0.051/2)}$$

$$= \pi \times 5.5\times10^{-4} \times 0.9 \times \frac{1-0.00069}{-5.46}$$

$$= -2.8\times10^{-4}$$

∴Q = -5.6×10^{-4} g/sec

Ans：T = 5000kg × 10^3 g/kg ÷ (5.6×10^{-4})g/sec= 8.9×10^9 sec = 282年

三、氮污染近期已經開始加強管制。
　(一)請說明現在的管制對象範圍及限值。(7分)
　(二)請說明氮在生活污水中的存在形態主要包括那幾類及其各別之濃度範圍。(9分)
　(三)生活污水若以生物處理氮成分，可以採用那些技術？（請列出兩種，說明其原理並附簡圖）(6分)
　(四)請說明設計生物處理氮成分應該注意那些基本參數（分別說明影響硝化及影響脫硝之因素各兩項）及其範圍。(8分)

解答：

(一) 水質、水源保護區域要進農田灌溉渠道搭排之水都需管制氮、磷濃度，氮濃度的限值為10mg/L以下。

(二) 硝酸鹽氮（NO_3^-）：50～100mg/L
　　氨氮（NH_4^+）：10～20mg/L

(三)
　　1. A_2O法：

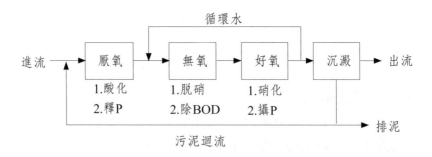

　　　　$NH_4^+ \rightarrow NO_2^- \rightarrow NO_3^- \rightarrow N_2O \rightarrow N_2$
　　　　先硝化再脫硝

　　2. SBR法
　　　　進流→SBR池→出流
　　　　為間歇式曝氣法，SBR池兼具生物曝氣池及沉澱池使用，曝氣時行硝化功能，未曝氣時當脫硝及沉澱池功能，沉澱後排除上澄液及部分過多之污泥。

(四) 硝化：DO > 2mg/L

ORP > 40mv

脫硝：DO < 0.5mg/L

ORP = −100mv

脫硝菌需較高的BOD維生

四、有一化學快混池其處理水量為 100,000 CMD。

(一)請設計槽體。(7分)

(二)若採用電動機攪拌，其減速機效率為 n＝80%，電動機效率為 90%，請計算所需馬力(HP)。(6分)

(三)假設黏滯係數 u 為 1.0 CP，請以 G 值驗證設計馬力(HP)。(7分)

解答：

(一) 設快混池水力停留時間為5mins

$$V = \frac{100000 \, m^3/D}{24 \times 60} \times 5 = 347 m^3$$

設有效水深為3m

$$A = 347/3 = 115 m^2$$

設成兩池

$$\sqrt{\frac{115}{2}} = 7.6m$$

∴快混池尺寸為$7.6m^L \times 7.6m^W \times 3m^H \times 2$池

(二) 設每sec攪拌每m^3之水

需動力3KW

$$\frac{100000}{24 \times 60 \times 60} \times 3 = 3.5KW$$

$$\frac{3.5KW}{80\% \times 90\%} = 4.8KW$$

$$\frac{4.8KW}{0.75KW/HP} = 6.5HP$$

故選市面有的規格品7.5HP

(三)

$$G = \sqrt{\frac{P}{V\mu}}$$

$$= \sqrt{\frac{7.5HP \times 750W/HP \times 80\% \times 90\%}{347 \times 1 \times 10^{-3}}}$$

$$= 108 \ 1/sec$$

$$Gt值 = 108 \times \frac{347 \times 86400}{100000} = 3.2 \times 10^4 \cdots\cdots OK$$

合理Gt值$2 \times 10^4 \sim 2 \times 10^5$

104年專門職業及技術人員高等考試建築師、技師、第二次
食品技師考試暨普通考試不動產經紀人、記帳士考試試題　　代號：00650　全一張（正面）

等　　別：高等考試
類　　科：環境工程技師
科　　目：給水及污水工程
考試時間：2小時　　　　　　　　　　　　　座號：＿＿＿＿＿＿

※注意：(一)可以使用電子計算器。
　　　　(二)不必抄題，作答時請將試題題號及答案依照順序寫在試卷上，於本試題上作答者，不予計分。

一、請詳述給水（地面水源）與家庭污水處理時：
　(一)比較污泥產生來源與性質。（6分）
　(二)比較污泥處理方法。（8分）
　(三)分別舉例說明此兩類污泥處理後，固、液或氣態物之再利用方式。（6分）
　（建議以表格方式作答，如下）

子題號	給水處理	污水處理
(一)		

解答：

子題號	給水處理	污水處理
(一)污泥產生來源	淨水處理廠之化學沉澱	污水處理廠之生物沉澱池
污泥性質	化學性污泥	生物性污泥
(二)污泥處理方法	以板框式污泥壓濾機處理	以帶濾式污泥脫水機處理
(三)污泥處理後固態再利用方式	加水泥固化當消波塊或鋪地面	當有機肥
污泥處理後液態再利用方式	回收污泥中的鋁鹽	當液態有機肥
污泥處理後氣態再利用方式	無氣態物質產生	厭氧消化產生沼氣（CH_4）當燃料

二、水處理工程之沉澱處理，混凝沉澱之溢流率可採用 20-40 m/d。
　　(一)何謂溢流率？並以公式表示之。（4分）
　　(二)試從流體力學觀點，說明混凝作業為何有助於沉澱？（6分）
　　(三)何謂破壞膠體穩定？（4分）
　　(四)假設矩形沉澱池之長度須大於寬度之 3 倍，試設計處理水量 4800 CMD 之沉澱池。
　　（6分）

解答：

(一) 沉澱池單位面積每天可流過的污水量稱溢流率：$\dfrac{流量\ Q\ m^3/D}{面積\ A\ m^2}$

(二) 1. 混凝可打破膠體的穩定，降低粒子間的斥力。

　　2. 高福祿數，低電諾數，即可不易發生短流，且可避免亂流，有助於沉澱（靠減少水力半徑）。

(三) 靠以下機制破壞膠體穩定

　　1. 壓縮電雙層。

　　2. 吸附及電性中和。

　　3. 吸附及架橋作用。

　　4. 沉澱伴除作用。

(四) 設沉澱溢流率為30m/D

　　$A = 4800m^3/D \div 30m/D$

　　　$= 160m^2$

　　設$L = 3W$

　　　$160m^2 = 3W \times W$

　　　$W = 7.4m$

　　　$L = 22.2m$

　　設池深3.5m（有效水深3m）

　　水力停留時間 $= \dfrac{160m^2 \times 3m}{4800m^3/D} = 0.1D = 2.4hrs \cdots\cdots OK$

　　∴沉澱池尺寸：$22.2m^L \times 7.4m^W \times 3.5m^H$

三、給水與污水工程規劃設計之常見公式或相關定律，包含 Chick's law、Darcy-Weisbach formula、Michaelis-Menten equation、Monod equation、Hazen-Williams formula、Hardy-Cross method formula、Henry's law、Manning formula、Rational method formula 與 velocity gradient，方程式如下所示（未照次序）：

$$G=(P/\mu V)^{1/2} \qquad h_f=f(L/D)(v^2/2g) \qquad H=KQ^n \qquad Nt=N_0\,e^{-kt} \qquad P=k_H\,C \qquad Q=0.278\,C\,I\,A$$

$$\mu=\mu_{max}([S]/(Ks+[S])) \qquad v=v_{max}([S]/(K_M+[S])) \qquad v=0.849\,C\,R^{0.63}S^{0.54} \qquad v=(1/n)\,R^{2/3}S^{1/2}$$

請依照上述英文名稱，依序分別列出對應之方程式，並說明其在給水或污水工程之用途。（20 分）

解答：

1. Chick's law: $N_t = N_o e^{-kt}$

   N_t：經過t時間後細菌濃度

   N_o：最初細菌濃度

   K：細菌減衰常數，以e為底

   計算殺菌後殘留細菌濃度

2. Darcy-Weisbach formula:

   $Hf = f(L/D)(V^2/2g)$

   hf：直管之水頭損失

   f：摩擦係數

   L：直管長度

   D：管徑

   V：流速

   g：動力加速度

   計算直管中液體之水頭損失

3. Micalis-Menten equation:

   $V = V_{max}\{[S]/(K_M + [S])\}$

   V：微生物之生長速率

   V_{max}：微生物最大生長速率

   [S]：基質濃度

   K_M：生長速率常數

當 $V = 1/2V_{max}$ 時 $[S] = K_M$

計算微生物生長速率

4. monod equation:

$\mu = \mu_{max}\{[S]/(K_S + [S])\}$

μ：比生長率

μ_{max}：最大比生長率

$[S]$：基質濃度

K_S：比生長率速率常數

當 $\mu = 1/2\mu_{max}$ 時 $[S] = K_S$

計算微生物比生長率

5. Hazen-Williams formula

$V = 0.849CR^{0.63}S^{0.54}$

V：滿管時管線中之流速

C：流速係數，C $= 100 \sim 130$，依管線材質及使用年限而異

R：水力半徑 = 截面積除以濕周

S：水力坡降

計算滿管時管線中之水流速

6. Hardy-Cross method formula

$H = KQ^n$

H：自來水管網之損失水頭

Q：流量

n：對各種水管皆相同之流量指數，一般為 $1.75 \sim 2$，取 1.85

K：常數

自來水管網設計用

7. Henry's law：亨利定律

$P = K_H C$

P：氣體在液體表面之壓力

K_H：亨利常數

C：氣體在液體中之濃度

P與C成正比，計算C用

8. Manning formula：曼寧公式

$V = 1/nR^{2/3}S^{1/2}$

V：未滿流導水渠中水之流速

n：粗糙係數，0.013〜0.02

R：水力半徑 = 水流截面積除以濕周

S：水力坡降

計算未滿流導水渠中水之流速

9. Rational method formula：合理式

Q：0.278 CIA

Q：雨水逕流量

C：逕流係數，C = 0.1〜1，依土地透水率不同而異

I：降雨強度

A：排水面積

計算雨水逕流量用

10. Velocity gradient:

$G = (P/\mu V)^{1/2}$

G：速度坡降

P：動力，$P = \dfrac{C_D A\rho\upsilon^3}{2}$或$P = Q\rho gh$

V：池子體積

μ：0.001kg/m.sec

ρ:1000kg/m^3

υ：槳板與流體相對速度

C_D：1.5，拖曳係數

Q：m^3/sec

G值需大於20以促進膠凝作用，需小於75以免被壞膠羽控制快，慢混之混凝效果用

四、某社區家庭污水採用活性污泥法處理時，已知處理水量 2000 CMD，水溫 25℃，進流水之懸浮固體物 SS 與 $BOD_{5,20℃}$ 分別為 250 mg/L 與 200 mg/L；曝氣槽之 MLSS 是 2500 mg/L 且曝氣時間為 8 小時；BOD 之污泥轉化率 Y 是 0.8 gSS/gBOD。若污泥迴流比 R 為 30%，此系統產生之污泥以厭氧消化處理。

(一)試估算迴流污泥中的懸浮固體物濃度。（10 分）

(二)假設污水中易分解有機物占 80%，並考慮污泥迴流時，試計算曝氣槽內之食微比。（10 分）

(三)試計算完全消化 1 克 BOD 產生之甲烷氣體積（假設屬於 STP，且 BOD＝COD）。（4 分）

解答：

(一) $C_A = Cr \cdot \dfrac{r}{1+r}$

$2500\text{mg/L} = Cr \cdot \dfrac{30\%}{1+30\%}$

$Cr = 10833\text{mg/L}$

(二) $F/M = \dfrac{2000\text{m}^3/\text{d} \times 200\text{mg/L} \times 10^{-3} \times 80\%}{2500\text{mg/L} \times 2000\text{m}^3/\text{D} \times (1+30\%) \times \frac{8}{24}\text{D} \times 10^{-3}}$

$= \dfrac{320\text{kg/D}}{2166\text{kg}} = 0.15$ kg BOD/kg MLSS・D

(三) $2C + 2H_2O \rightarrow CH_4 + CO_2$

$\dfrac{1}{12} : \dfrac{X}{12+4} = 2 : 1$

$X = 0.67\text{g}\cdots\cdots CH_4$

$\because P\nabla = nRT$

$1 \times \nabla = \dfrac{0.67}{12+4} \times 0.082 \times (273+25)$

$\nabla = 1l$

五、河川簡易水質模式 Streeter-Phelps 公式（如下），涉及河水之脫氧與再曝氣現象：

$$D_t = \dfrac{K_r \cdot L_0}{K_2 - K_r}(10^{-K_r t} - 10^{-K_2 t}) + D_0 \cdot 10^{-K_2 t}$$

(一)試分別說明脫氧與再曝氣現象。（4 分）

(二)試繪此公式之圖形顯示此公式之由來及意義（須標註出符號 D_0 與 L_0）。（6 分）

(三)論述此公式於污水工程之應用。（6 分）

解答：

(一) 脫氧：有機物質氧化，使水中的溶氧量被消耗的現象。

再曝氣：脫氧現象後，形成溶氧不足，低於飽和溶氧，再由空氣中的氧溶入或由水棲植物光合作用增加氧的現象。

(二)

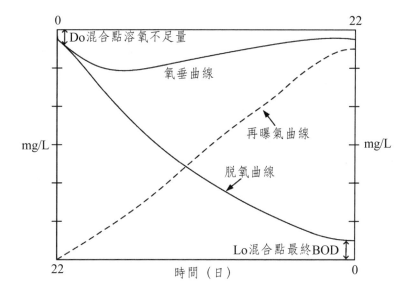

(三) 可了解當污染物進入河川後，河川的自淨能力。

103年專門職業及技術人員高等考試建築師、技師、第二次
食品技師考試暨普通考試不動產經紀人、記帳士考試試題　　代號：00650　全一頁

等　　別：高等考試
類　　科：環境工程技師
科　　目：給水及污水工程
考試時間：2小時　　　　　　　　　　　　　座號：＿＿＿＿＿＿

※注意：㈠可以使用電子計算器。
　　　　㈡不必抄題，作答時請將試題題號及答案依照順序寫在試卷上，於本試題上作答者，不予計分。

一、在給水和污水之化學處理方法中，化學沉降程序（chemical precipitation process）和
化學混凝程序（chemical coagulation process）是常用的兩種處理方法，請針對以下
問題，試詳細分別比較說明此兩種程序的差異：
㈠去除對象之主要污染物的性質。（4分）
㈡主要的處理原理和作用機制。（12分）
㈢影響處理成效之主要的設計和操作因素。（8分）
㈣繪出其處理流程並說明主要的處理單元和目的。（8分）
㈤列出此兩種程序分別在自來水和都市污水處理工程上的應用實例。（8分）

解答：

(一)

1. 化學混凝：去除對象之主要污染物性質為：懸浮固體物之顆粒太小，如：膠質狀顆粒或淤泥等，利用重力沉澱，無法在適當時間內沉降而被去除時。

2. 化學沉降：去除對象之主要污染物性質為：水中溶解物，如：鈣、鎂、二價鐵、錳等。

(二)

1. 化學混凝：靠加入混凝劑，使顆粒凝聚為膠羽（floc），增加顆粒粒徑，以促進沉澱。

2. 化學沉降：靠加入化學藥品後，因化學反應成為不溶解顆粒而沉降。

(三) 影響處理成效之主要設計及操作因素

1. pH值影響。

2. 原水中之鹽類。

3. 濁度之性質。

4. 混凝劑之影響。

5. 物理因素之影響，如：水溫等。

6. 粒子之存在。

7. 攪拌之影響。

(四) 處理流程：

快混池→慢混池→沉澱池

快混池：加混凝劑及調pH值，使污染物與混凝劑充分混合形成膠羽。

慢混池：加助凝劑，使小膠羽因助凝劑而結合形成更易沉澱的大膠羽。

沉澱池：使大膠羽沉降與水分離，形成乾淨的上澄液放流，下方沉降的膠羽污泥再去濃縮乾燥處理。

(五)

1. 化學混凝：

(1) 自來水：淨水廠加PAC去除水中溶解性的有機物。

(2) 都市污水：污水廠二沉池去除水中有機物及生物性污泥。

2. 化學沉降：

(1) 自來水：淨水廠加NaOH去除水中的金屬離子。

(2) 都市污水：污水廠之初沉池去除水中的金屬離子。

二、(一) 某鄉鎮目前人口為 20,000 人，預估未來到設計年之人口成長率 10%，計畫平均每人每天污水量為 250 公升，進流污水之 BOD_5 和 SS 濃度分別為 200 mg/L 和 160 mg/L，若計畫最大日設計污水量為平均日設計污水量的 1.5 倍，試問該鄉鎮污水處理廠的設計污水量為多少 CMD？設計有機負荷（design organic loading）和設計固體物負荷（design solid loading）分別為多少 kg BOD_5/day 和多少 kg SS/day？（10 分）

(二) 承上，假設已知：1. 初沉池 SS 去除率為 60%；BOD_5 去除率為 40%，2. 曝氣槽中 BOD_5 轉化為生物固體物之增殖率（cell yield）為 0.6，3. 終沉池不會再降低 BOD_5，4. 二級生物處理程序後之放流水水質 BOD_5 為 15 mg/L，SS 為 20 mg/L，5. 初沉池沉澱污泥的固體物含量為 1.5%，二沉池生物污泥的固體物含量為 1.0%，且污泥之比重均為 1.0。試問該廠每天分別產生多少公斤（kg/day）的初沉污泥和生物污泥？多少體積（CMD）的混合污泥？（15 分）

解答：

(一) 20,000人×(1 +10%)×250 L/人.天×1.5

　　 = 8,250,000 L/天 = 8250 CMD

　　 200 mg/L×10^{-3}×8,250 m^3/天 = 1,650 $kgBOD_5$/天

　　 160 mg/L×10^{-3}×8,250 m^3/天 = 1,320 kgSS/天

(二) 1. 初沉污泥：

　　　 1,320 kgSS/天×60% = 792 kgSS/天

　　 2. 生物污泥：

　　　 1,650 $kgBOD_5$/天×(1−40%)−15 mg/L×10^{-3}×8,250 m^3/天

　　　 = 990 $kgBOD_5$/天−124 $kgBOD_5$/天 = 866 $kgBOD_5$/天

　　　 866 $kgBOD_5$/天×0.6 = 519.6 kgSS/天

　　 3. 混合污泥（CMD）

　　　 初沉：792 kgSS/天÷1.5%÷1×10^{-3} = 52.8 CMD

　　　 生物：519.6 kgSS/天÷1.0%÷1×10^{-3} = 86.6 CMD

　　　 混合污泥：52.8 CMD + 86.6 CMD = 139.4 CMD

三、有一水平流沉澱池，其設計溢流率（overflow rate）為 20 m^3/d-m^2，若有四種大小不同的顆粒，其分布分別占顆粒總數的 40%、30%、20%、10%，而此四種顆粒的沉降速度分別各為 0.10 mm/s、0.20 mm/s、0.40 mm/s、1.00 mm/s，試問此四種顆粒在理想沉澱池中，其預期的去除率分別各為多少%？又該沉澱池對顆粒的總去除率可達到多少%？（15 分）

解答：

(一) 去除率 = $\dfrac{沉澱速度}{溢流率}$

　　 溢流率：20 m^3/d.m^2 = 0.23 mm/s

　　 ∴四種顆粒之去除率分別為：

　　 $\dfrac{0.1}{0.23}$、$\dfrac{0.2}{0.23}$、$\dfrac{0.4}{0.23}$ > 1視為100%、$\dfrac{1.00}{0.23}$ > 1視為100%

　　 即43%、87%、100%、100%

(二) 43%×40% + 87%×30% + 100%×20% + 100%×10%

= 17% + 26% + 20% + 10% = 73%……總去除率

四、已知一典型好氧生物處理單元,其進流污水量(Q) = 4000 CMD,進流水 BOD_5 = 250 mg/L,出流水 BOD_5 = 10 mg/L,進流水中氮的濃度(C_N) = 2 mg/L,磷的濃度(C_P) = 0.1 mg/L,試問該生物處理單元是否需補充營養鹽?如是,每日添加量需為多少 kg/day 的氮和磷?此外,請分別列舉和說明常用來做為氮和磷營養鹽添加的化學藥劑種類為何?(20 分)

解答:

(一) BOD:N:P = 100:5:1

BOD_5 = 250 – 10 = 240 mg/L

∴生物處理需有的C_N:12 mg/L > 2 mg/L

生物處理需有的C_P:2.4 mg/L > 0.1 mg/L

故需補充氮、磷營養鹽

(二) N:(12−2) mg/L×4000 m^3/天×10^{-3} = 40 kg/天

P:(2.4−0.1) mg/L×4000 m^3/天×10^{-3} = 9.2 kg/天

(三) NH_4Cl、H_3PO_4或K_2HPO_4

<table>
<tr><td>102年專門職業及技術人員高等考試建築師、技師、第二次
食品技師考試暨普通考試不動產經紀人、記帳士考試試題</td><td>代號：00650 全一頁</td></tr>
</table>

等　　別：高等考試
類　　科：環境工程技師
科　　目：給水及污水工程
考試時間：2 小時

座號：＿＿＿＿＿

※注意：㈠可以使用電子計算器。
　　　　㈡不必抄題，作答時請將試題題號及答案依照順序寫在試卷上，於本試題上作答者，不予計分。

一、有一社區的生活污水處理廠的原設計流量為 $Q_1 = 1000$ CMD，設計水質為 $BOD_1 = 180$ mg/L，$SS_1 = 180$ mg/L。原處理為活性污泥系統，處理流程為：前處理 →初沉池→曝氣池→終沉池（污泥迴流比 33%）→加氯消毒後放流。此系統在原設計進流水質水量的條件下能適當的處理原生活污水。換言之，原系統的相關設計與操作參數均屬合理，且放流水質皆能符合放流水水質標準。現因入住人口增加，致使流量增加為 $Q_2 = 1300$ CMD，但進流 BOD 與 SS 濃度不變。該社區為節省經費擬直接利用既有的曝氣池槽體，將此既有的活性污泥曝氣池改為接觸曝氣池（又稱為接觸氧化池）或是改為延長曝氣法操作，以處理此新的流量（1300 CMD），其餘的單元均不變。請先評估此二種新處理流程的可行性（是接觸曝氣法可行或是延長曝氣法可行）。請在前述的可行條件下設計修改此系統中的接觸曝氣槽（含接觸曝氣池體積、濾材體積，濾材表面積的有機負荷，曝氣量檢討），或是延長曝氣法的曝氣池（含曝氣池體積、污泥停留時間（SRT）、有機負荷，曝氣量檢討），請同時評估此改善的合理性與必要的操作參數。並檢討既有的其他處理單元（初沉池與終沉池）是否能因應此新的流量（1300 CMD），而能適當的處理以符合放流水水質標準。（相關參數請做合理假設）（30 分）

解答：

　　處理水量僅增加30%，將現有活性污泥處理池改成接觸曝氣池或改成延長曝氣法操作都是可行的，惟改成延長曝氣法處理水透視度將較差，SS濃度也會較高，因本法是利用微生物體內分解期之階段，迴流污泥量大，SRT長，BOD負荷低，活性污泥處於營養不足狀態，剩餘污泥量較少，但係利用微生物的體內呼吸期，污泥膠羽會被分解，故建議改成接觸曝氣法較佳。

　　接觸曝氣池之濾材填充率宜為曝氣池的50～60%，濾材表面積的有機負荷約15～20 g/m².day，接觸氣槽體積可以不變，曝氣量亦可不變，因增加30%的有機負荷，可由水中氣泡衝擊生物濾材增加的溶氧效率及生物濾材上的厭氧菌或兼氧菌吸收。

改成接觸曝氣法，因進流量增加30%，初沉池水力停留時間將減少，出流水水質會略差。但終沉池出流水水質將更好，因接觸曝氣法不需迴流污泥，故會使終沉池水力停留時間增加，又因接觸曝氣池都是附著性的生物膜，懸浮式的微生物量少，甚至有不設終沉池的設計，少量流至終沉池的污泥都是老化脫落的生物膜，比重比活性污泥懸浮式的微生物重，較易沉降。

若改成延長曝氣法，污泥迴流比要加大成0.5～1，SRT變大成20～30天，有機負荷要變小成0.01～0.05 kgBOD/kgMLSS.day，送風量要變大成10～20送風量m³/流入水量m³，曝氣池體積可以不變，但初沉的出流會因流量加大而變差，終沉池也會因迴流比增加及生物膠羽解體而變差。

二、快砂濾池是傳統自來水處理程序中對顆粒性物質去除的重要單元，國內自來水處理廠經常以雙重濾料（石英砂與無煙煤）替代單一濾料（石英砂），請設計一套適合國內自來水過濾處理的雙重濾料（含粒徑分布，均勻係數，濾料厚度，適用濾速，與預期處理水的濁度）（20分）

解答：

1.

	粒徑分布（mm）	均勻係數	濾料厚度（cm）
無煙煤	0.9～1.2	1.5 以下	60
石英砂	0.45～0.7	2.0以下	15

2. 濾速以200 m/日為上限，一般設計值為150 m/日。

3. 預期處理後水質應在5 NTU以下。

三、有一環工技師受聘至一畜牧廢水處理廠（養豬業）進行畜牧廢水處理廠的功能評估（已知的流程為：攔污篩除機，篩網 1.0 mm→厭氧槽，水力停留時間（HRT）10 天→曝氣池，HRT 1.5 天→沉澱池，污泥迴流與廢棄→放流），受限於現場的分析設備，該環工技師在此廢水廠現場只能分析曝氣池的一些基本的現場可檢測參數（DO：0.5 mg/L，SV_{30}：8%，OUR：1.5 mg-O_2/L-hr，pH：6.8，ORP：20 mV，曝氣池水色偏黑（目視判斷），沉澱池放流水透視度約 8 cm）（該廢水廠專責人員於現場也說環保局曾至該廢水廠採放流水分析，放流水的檢測值為：BOD 150 mg/L，SS 180 mg/L，COD 610 mg/L）。
(一)請先評估該廢水廠有何設計或操作上的問題，（10 分）
(二)對此現象你會提供那些建議給畜牧場的廢水操作人員參考，以改善該廠的處理效率？（10 分）

解答：

1. 由曝氣池水色偏黑，及DO = 0.5 mg/L，表示水中溶氧不足，曝氣量設計太小，宜加大曝氣量DO最好保持在1.0 mg/L左右，或是老化污泥太多，宜加大排泥量，增加廢棄污泥量。

2. 生物處理最佳pH值宜略偏鹼約7.5，排泥量加大，曝氣量加大，都有助於pH值提升。

3. SV30：8%太小，SV30宜在20%～30%，可見曝氣池中MLSS太少，應殖菌種增加微生物量及增加微生物所需的曝氣量。

4. 放流水透視度僅8 cm太低了，應控制在15 cm以上，表示生物處理效果不佳。

5. 放流水SS180 mg/L太高，應控制在50 mg/L以下，表示生物污泥上浮，可能是老污泥太多，或曝氣池溶氧不足或微生物有膨化現象。

四、國內正積極建設生活污水下水道系統，請說明下列與下水道有關的事項：(一)專用下水道，(二)污水廠綜合效能評估（CPE, Comprehensive Performance Evaluation），(三)計畫污水量，(四)管渠的水深比（d/D）。（每小題 5 分，共 20 分）

解答：

(一) 專用下水道是事業單位自行設置污水處理廠，將自己事業體產生的污水處理至放流水標準，再直接排入雨水溝流至河川等承受水體的系統。

(二) 污水廠綜合效能評估，是要先評估污水廠中各個處理單元是否達

到應有的處理功能，再綜合各個處理單元的處理效率，檢視整個
污水處理廠是否達到規劃設計預期的整體處理成果及是否達環保
法規要求。

(三) 計畫污水量

污水下水道道以計劃最大小時污水量為設計，即最大日污水量的
1.5倍計。每人每日最大日污水量為300 L，地下水滲入係數為20%
亦應加入。

(四) 下水道管渠之最大流量發生於比滿管較小之水深時，若以該水深
做為設計流量水深，當為最經濟水深。

由不滿流之水力特性值表，可查得水深/管徑（d/D）值在0.9時，
可得不滿流水量是滿流水量的1.066倍，是最佳的設計值。

五、請說明自來水處理時影響混凝作用的主要影響因子。（10分）

解答：

1. pH值：混凝劑鋁鹽或鐵鹽，在某一定的pH值範圍內其溶解度最小，
   混凝與沉澱的速度最快，最適宜的pH範圍為6.0～7.8。

2. 原水中的鹽類：依鹽類種類及含量而影響混凝作用之適宜pH值，膠
   凝時間、適宜加藥量。

3. 濁度之性質：

   (1) 含黏土濁度的水，必須加入某一最低量的混凝劑，以便形成具補
       獲濁度能力的膠羽。

   (2) 濁度增加，混凝劑加量亦增，但不成直線關係。

   (3) 濁度高的原水，相對反而需交少的混凝劑，因顆粒碰撞的機會增
       加了。

   (4) 水中含不同粒徑的黏土較單一粒徑容易混凝。

4. 混凝劑：使用鋁鹽或鐵鹽，一般以實驗比較處理效果，再考量經濟
   因素。

5. 物理因素：水溫對混凝影響較大，水溫近0℃時，膠羽之沉降不易，因水溫降低，水的黏性增加。

6. 粒子影響：粒子愈多，膠凝速度愈快，膠羽密度亦大，因而增加沉降速度。

7. 攪拌影響

	快混	慢混
時間	1～5 mins	10～30 mins
轉速	80～100 rpm	25 rpm
G值	500 1/sec	50 1/sec

101年專門職業及技術人員高等考試建築師、技師、第2次
食品技師考試暨普通考試不動產經紀人、記帳士考試試題　　代號：00650 全一頁
　　等　　別：高等考試
　　類　　科：環境工程技師
　　科　　目：給水及污水工程
　　考試時間：2 小時　　　　　　　　　　　　　　座號：＿＿＿＿＿＿＿＿

※注意：(一)可以使用電子計算器。
　　　　(二)不必抄題，作答時請將試題題號及答案依照順序寫在試卷上，於本試題上作答者，不予計分。
　　　　(三)本試題之相關公式、物理常數、符號意義及設計參數未提及時，請自行合理推斷與假設。

一、試說明在設計自來水淨水單元與污水處理單元時，常用於設計的水質參數有何不同？
　　並分別說明其意義。（20 分）

一、試說明在設計自來水淨水單元與污水處理單元時，常用於設計的水質參數有何不同？
　　並分別說明其意義。（20 分）

解答：

1. 速度降坡 $G=\sqrt{\dfrac{P}{V\mu}}$

　　快混池G≒500 L/sec

　　慢混池G≒50 L/sec

　　μ為流體之黏滯係數≒10^{-3} kg/m.s

　　自來水黏性較低，μ值較低

　　污水黏性較高，μ值較高。

2. 沉降速度$V_s=\dfrac{g}{18}\dfrac{\rho_s-\rho}{\mu}D^2$

　　污水初沉池停留時間≒1.5 hrs

　　污水終沉池停留時間≒2.5 hrs

　　淨水沉澱池停留時間≒2 hrs

　　自來水黏性較低，μ值較低，水中顆粒比重（ρ_s）較大

　　所以沉降速度（V_s）較快，沉澱池停留時間可較短

　　污水黏性較高，μ值較高，水中顆粒比重（ρ_s）較大

　　所以沉降速度（V_s）較慢，沉澱池停留時間可較長

二、試說明抽水機比速之物理意義，並證明其為 $N_s = \dfrac{NQ^{1/2}}{H^{3/4}}$。（20分）

解答：

抽水機的型式不同，比速就不同，比速為假想值，與轉速有關，高揚程、低流量抽水機比速較小，而低揚程高流量者較大

$$N_s = N \frac{Q^{\frac{1}{2}}}{H^{\frac{3}{4}}}$$

$$\frac{Q^1}{Q_2} = \frac{N_1}{N_2} = \frac{D_1}{D_2}$$

$$\frac{H_1}{H_2} = \left(\frac{N_1}{N_2}\right)^2 = \left(\frac{D_1}{D_2}\right)^2$$

$$\therefore N_2 = N_1 \frac{\left(\dfrac{Q_1}{Q_2}\right)^{1/2}}{\left(\dfrac{H_1}{H_2}\right)^{3/4}} = N_1 \frac{\left(\dfrac{N_1}{N_2}\right)^{1/2}}{\left[\left(\dfrac{N_1}{N_2}\right)^2\right]^{3/4}}$$

$$= N_1 \left(\frac{N_1}{N_2}\right)^{1/2 - 3/2} = N_1 \left(\frac{N_1}{N_2}\right)^{-1}$$

$$= N_1 \times \frac{N_2}{N_1} = N_2$$

N：轉速

D：葉片直徑

Q：流量

H：揚程

三、試說明地面水集取工程之進水口開口應考慮那些因素？（10分）進水口設置攔污柵時，攔污柵設置的角度與水頭損失之關係為何？（10分）

解答：

1. 進水口四周應予加強，不得因開多個進水口而影響取水塔結構之安全，進水口開口應保持每秒15～30 cm的流速，使少砂石流入為原則，每個取水口前應設攔污柵，以免雜物流入，且應設進水閘門。

2. $hr = \beta \sin \alpha \left(\dfrac{t}{b}\right)^{4/3} \dfrac{V^2}{2g}$

　hr：水頭損失（m）

　α：攔污柵之傾斜角

　β：攔污柵之形狀係數，一般2～3

　t：欄柵厚度（mm）

　b：有效間隔（cm）

　V：水流速度（m/sec）

　　g：9.8 m/sec^2

　由上公式可知：水頭損失與攔污柵之傾斜角成正比

四、某一自來水廠每日供水量 100,000 m³/day，採用硫酸鋁(Al₂(SO₄)₃·18H₂O)為混凝劑，平均加劑量為 10 mg/L，硫酸鋁與水中鹼度反應產生CO₂，而根據亨利定律，CO₂在氣相和液相中平衡時，液相之CO₂濃度很低（可忽略之），請計算該廠因硫酸鋁之使用所造成每天CO₂之排放量為多少公斤？（20 分）

解答：

$Al_2(SO_4) \cdot 18H_2O + 3Ca(HCO_3)_2 \rightarrow 2Al(OH)_3 + 3CaSO_4 + 6CO_2 + H_2O$

由 $\dfrac{\dfrac{10mg/L}{666}}{1} = \dfrac{\dfrac{Xmg/L}{44}}{6}$

求得X = 4 mg/L

4 mg/L×100000 m³/D = 400 kg/D

五、試比較重力式沉砂池與曝氣式沉砂池之設計原理，有何異同處？（20 分）

解答：

1. 由於污水流量變化大，無法維持一定的流量負荷，致有部分有機物沉降於沉砂池影響沉砂處分上的衛生問題，曝氣沉砂池可洗砂，分離有機物。

2. 於沉砂池單側曝氣，使下水旋回滾動，砂沉降於另一側，如圖：

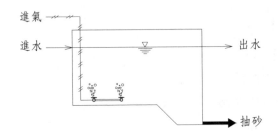

沉砂池水力停留時間T = 25～30 sec
沉砂池流速V = 0.75～1 m/sec

100年專門職業及技術人員高等考試建築師、技師、第2次
食品技師考試暨普通考試不動產經紀人、記帳士考試試題　代號：00650　全一張（正面）
　等　　別：高等考試
　類　　科：環境工程技師
　科　　目：給水及污水工程
　考試時間：2 小時　　　　　　　　　　　　座號：＿＿＿＿＿
※注意：㈠可以使用電子計算器。
　　　　㈡不必抄題，作答時請將試題題號及答案依照順序寫在試卷上，於本試題上作答者，不予計分。
　　　　㈢本試題之相關符號、公式及設計參數未提及或條件不足時，請自行合理推斷或假設。

一、試計算下圖由蓄水池 A 到蓄水池 B 的流量（CMD）。（20 分）

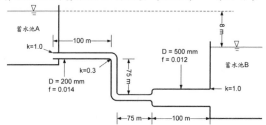

Darcy-Weisbach水流公式：$h_f = f(L/D)(V^2/2g)$，L：管長，D：管徑，V：平均流速，f：摩擦係數，g：重力加速度

解答：

由 $h = f\dfrac{L}{D}\dfrac{V^2}{2g}$（直管），$h = k\dfrac{V^2}{2g}$（閥管）及 $Q = A_1V_1 = A_2V_2 = \dfrac{\pi}{4}D_2^2V_2$

$\therefore 1\times\dfrac{V_1^2}{2g} + 0.014\times\dfrac{100}{0.2}\times\dfrac{V_1^2}{2g} + 0.3\times\dfrac{V_1^2}{2g} + 0.014\times\dfrac{75}{0.2}\times\dfrac{V_1^2}{2g}$

$\quad + 0.3\times\dfrac{V_1^2}{2g} + 0.014\times\dfrac{75}{0.2}\times\dfrac{V_1^2}{2g} + 0.012\times\dfrac{100}{0.5}\times\dfrac{V_2^2}{2g} + 1\times\dfrac{V_2^2}{2g}$

$= 8\cdots\cdots(1)$

$\dfrac{\pi}{4}D_1^2V_1 = \dfrac{\pi}{4}D_2^2V_2$

$V_2 = \left(\dfrac{D_1}{D_2}\right)^2 V_1 = 0.16V_1\cdots\cdots V_2$代入(1)式

一個方程式解一個未知數，可求得V_1

再由$A_1V_1 = \dfrac{\pi}{4}D_1^2\times V_1 = Q$，求得流量Q

二、在設計二級沉澱池時，假設其溢流率為 20 m/d，污泥迴流比為 35%，廢水流量為 5,000CMD。批次沉降實驗（batch settling tests）之層沉降速率（zone settling velocity）如下：

固體物濃度X_i （mg/L）	層沉降速率V （m/h）
500	7.02
1,000	5.22
1,500	3.31
2,000	2.35
2,500	1.65
3,000	1.24
3,500	0.789
4,000	0.573
4,500	0.417
5,000	0.325
5,500	0.265
6,000	0.199
6,500	0.168
7,000	0.110
7,500	0.103
8,000	0.080

通量（G_L）= 固體物濃度X_i（mg/L）×層沉降速率V（m/h）

(一)試繪出批次通量曲線（以G_L(kg/m^2-d)對X_i(mg/L)作圖），並求出限制通量（kg/m^2-h）及迴流污泥濃度（mg/L）。（7分）

(二)試求沉澱池所需表面積（m^2）。（4分）

(三)已知沉澱池有效高度3m，請求出停留時間（h）。（3分）

(四)請列出所需要的附屬設備（至少3項）。（6分）

【註】h為小時；d為天。

解答：

固體物濃度X_i	層沉降速率V	通量$G_L = X_i \times V$
500	7.020	3,510.00
1,000	5.220	5,220.00
1,500	3.310	4,965.00
2,000	2.350	4,700.00
2,500	1.650	4,125.00
3,000	1.240	3,720.00
3,500	0.789	2,761.50
4,000	0.573	2,292.00
4,500	0.417	1,876.50
5,000	0.325	1,625.00
5,500	0.265	1,457.50

固體物濃度X_i	層沉降速率V	通量$G_L = X_i \times V$
6,000	0.199	1,194.00
6,500	0.168	1,092.00
7,000	0.110	770.00
7,500	0.103	772.50
8,000	0.080	640.00

1.

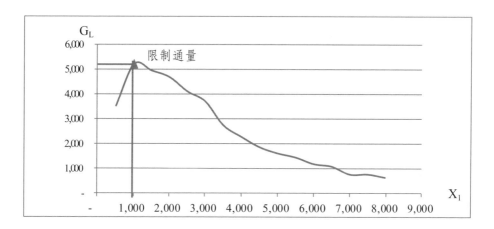

$G_L = mg/L \times m/h = g/m^3 \times m/h = 10^{-3} kg/m^2 \cdot h$

∴限制通量為5220 $g/m^2 \cdot h = 5.22 kg/m^2 \cdot h$

$$\frac{G_L (kg/m^2gh) \times A (m^2)}{Q(m^2/h) \times 35\%} = kg/m^3 = \frac{5.22 \times 338}{5000 \times 35\%} = 1.088 \ kg/m^3 = 1008 \ mg/L$$

2. $\dfrac{5000 \times (1+35\%)}{A} = 20$ m/D

求得A = 338 m^2

3. $T = \dfrac{V}{Q} = \dfrac{338 \times 3}{5000 \times (1+35\%)} = 0.15$ D = 3.6 hrs

4. 溢流堰、整流桶、刮泥機、污泥泵

三、某實驗室利用 4 個連續式活性污泥池結合曝氣裝置進行廢水處理模擬試驗，每一個活性污泥池體積皆為 7L。

反應動力式為：

$$(S_0 - S_e) / (X_v \times t) = K \times (S_e - S_n)$$

S_0、S_e 分別為進流及出流 COD 濃度（mg/L），X_v 為 MLVSS 濃度（mg/L），t 為水力停留時間（h），K 為反應動力常數（L/mg-h），S_n 為不可分解 COD 濃度（mg/L）

試求：

(一)活性污泥池的反應動力常數 K（L/mg-d）。（13 分）

(二)不可分解 COD 濃度 S_n（mg/L）。（7 分）

平均數據如下：

活性污泥池編號	進流平均 COD 濃度（mg COD/L）	出流平均 COD 濃度（mg COD/L）	平均 MLVSS 濃度（mg/L）	流量（L/d）
1	800	105	3,150	42
2	795	65	2,750	14
3	785	36	2,900	9
4	775	26	2,840	3.7

【註】h 為小時；d 為天。

解答：

體積 V = 7 L

流量：Q，進流 COD：S_0，出流 COD：S_e，MLVSS 都是已知，僅 K 及 S_n 未知

任選已知代入形成二個方程式，解二個未知數，即可求得 K 及 S_n

四、臺灣地區近年推行水回收再利用政策：

(一)請說明 3 個執行水回收再利用的實際案例。（10 分）

(二)請繪製 1 個可以將二級處理後的廢污水，做到回收再利用程度的完整流程。（10 分）

解答：

1. 101 大樓、奇美柳營醫院，竹科回收率規定要 70% 以上。

2. 二級處理後→砂濾槽→活性碳槽→加氯消毒槽→Ⓟ→中水回收再利用系統

五、關於目前我國自來水消毒副產物：
　　㈠管制項目及管制限制為何（請列出 3 種）？（10 分）
　　㈡何種技術可以降低消毒副產物之生成（請列出 3 種）？（10 分）

解答：

1. THM：0~2

　　氯鹽(Cl^-)：250

　　自由有效餘氯：0.2～1.5

2. (1) 沉澱池前加氯。

　　(2) 最後段加活性碳吸收殘留有機物後再加氯消毒。

　　(3) 以加O_3降低加氯量。

99年專門職業及技術人員高等考試建築師、技師
考試暨普通考試不動產經紀人、記帳士考試試題　　代號：00650 全一頁

等　　別：高等考試
類　　科：環境工程技師
科　　目：給水及污水工程
考試時間：2 小時　　　　　　　　　　　　　　座號：_____

※注意：(一)可以使用電子計算器。
　　　　(二)不必抄題，作答時請將試題題號及答案依照順序寫在試卷上，於本試題上作答者，不予計分。
　　　　(三)下列計算各題若有所需參數或公式不足時，請自行合理假設或推知。

一、假設有一生活污水處理廠採活性污泥法處理，其初沉池出流水的平均流量（Q_{ave}）
　　為 10,000 CMD，BOD為 120 mg/L，NH_3-N為 25 mg-N/L，NO_3-N 為 1 mg-N/L，TKN
　　為 30 mg-N/L，TP為 3 mg/L，鹼度為 150 mg/L as $CaCO_3$。假設該活性污泥曝氣池由 6
　　座體積為 600 m^3（共 3,600 m^3）的矩形槽串聯組成。曝氣池的操作現況為SRT為 8 天
　　，DO為 2 mg/L。經二沉池後的放流水BOD為 10 mg/L，SS為 20 mg/L，NH_3-N為 20
　　mg-N/L，NO_3-N 為 2 mg-N/L，TKN 為 25 mg-N/L，TP為 1.5 mg/L。假設因為法規變
　　更，新法規放流水的BOD、SS與NH_3-N分別需符合 30 mg/L、30 mg/L與 5 mg-N/L的
　　放流標準。為了因應法規的變更，該污水廠擬請你（環工技師）利用該廠的現有設
　　施（曝氣池），在不增加槽體…等主要硬體設備的原則下，以變更處理方式或操作
　　條件，或是添加藥劑與加設機電設備…等等的方式，使得該污水廠符合新的放流標
　　準。請具體評估說明且完整量化你的建議與必要的配合措施（必須詳細量化計算並
　　討論）。（假設：$NH_4^+ + 1.83\ O_2 + 1.98\ HCO_3^- \rightarrow 1.04\ H_2O + 1.85\ H_2CO_3 + 0.026$
　　$C_5H_7O_2N + 0.98\ NO_3^-$）（C: 12, H: 1, O: 16, N: 14, P: 31, Ca: 40, Na: 23, ρ_{air}: 1.23
　　kg/m^3, 1 kWH = 1.34 HPH）（30 分）

解答：

1. 在新法規的要求下，本題活性污泥處理系統之放流水水質，僅
　 NH_3-N超出法規標準，必須改成可以處理N.P.的系統，由於有6座曝
　 氣池，所以應改成需多槽的A_2O系統，不能用單一槽的SBR系統。

2.

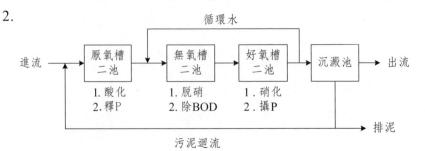

3. 應加設循環水泵浦

厭氧槽及無氧槽不得曝氣，所以曝氣機應加裝變頻器，使轉速變慢，曝氣量變小。

二、請說明傳統自來水淨水程序中的普通沉澱池與生活污水處理廠之活性污泥法的二沉池（生物沉澱池）的異同。（20分）

解答：

	淨水廠沉澱池	污水廠二沉池
面積負荷(m^3/m^2.day)	20～40	20～30
堰負荷(m^3/m.day)	400	≦150
停留時間(hr)	2	2.5
有效深度(m)	3	3

三、某電鍍廠有三股廢水產生：㈠氰系廢水（流量約 100 CMD），㈡鉻系廢水（流量約 50 CMD），與㈢酸鹼廢水（流量約 50 CMD）。假設該廠每日運轉約 12 小時，試設計該電鍍廠的廢水處理廠（需含完整處理流程、必要單元與監控設施、單元體積、必要之添加藥劑，以及各單元操作控制參數…等等），使其符合目前的放流水標準。（20分）

解答：

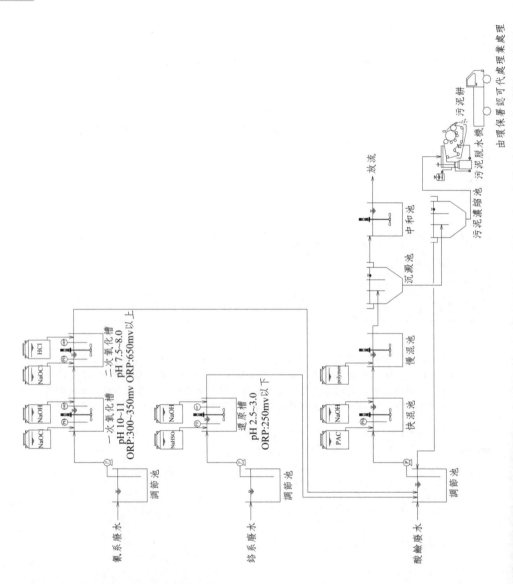

各單元水力停留時間為調節槽：8 hrs，一次氧化槽、二次氧化槽、還原槽及快混槽均為5 mins，慢混槽：20 mins，沉澱池：3 hrs，污泥濃縮槽：12 hrs

以 $T = \dfrac{V}{Q}$，可求得各槽體積V

四、試簡要說明下列與自來水工程有關的名詞定義、意義與必要的工程設計參數：㈠快濾池，㈡以河川表流水為取水水源之「安全出水量」，㈢自來水法（公布/施行：99年6月15日）所稱之「自來水設備」，㈣自來水法（公布/施行：99年6月15日）所規定，自來水事業應具有必要之設備的「淨水設備」，㈤快混與慢混。（30分）

解答：

(一) 濾速：100～200 m/day

　　濾砂有效粒徑：0.45

　　均勻係數：1.5

　　濾程：24 hrs

　　洗砂水量：4%之過濾水量

(二) 20年發生一次之枯水流量稱「安全出水量」。

(三) 自來水設備：取水、貯水、導水、淨水、送水及配水等設備。

(四) 淨水設備：柵欄、抽水機、快混、膠凝、沉澱、過濾、蓄水、配水。

(五) 快混：加混凝劑（PAC），水力停留時間5 mins，攪拌機轉速約300 RPM。

　　慢混：加助凝劑（polymer），水力停留時間10 mins，攪拌機轉速約30 RPM。

98年專門職業及技術人員高等考試建築師、技師、消
防設備師考試、普通考試不動產經紀人、記帳士、第 代號：00650 全一頁
二次消防設備士考試暨特種考試語言治療師考試試題

等　　別：高等考試
類　　科：環境工程技師
科　　目：給水及污水工程
考試時間：2 小時 座號：＿＿＿＿＿＿

※注意：㈠可以使用電子計算器，但需詳列解答過程。
　　　　㈡不必抄題，作答時請將試題題號及答案依照順序寫在試卷上，於本試題上作答者，不予計分。
　　　　㈢下列問題之相關公式、物理常數、符號意義及設計參數未提及時，請自行依規範作合理推斷或假設。

一、有一正方形對稱之配水管網如右下圖所示，直角邊之水管長度皆為 200 m（米或公
尺），AB與AC管徑皆為 400 mm（毫米），BD、CD與BC管徑皆為 200 mm，所有
水管Darcy-Weisbach水流公式之摩擦係數（f）皆為 0.015。若 0.3 m³/sec（立方公尺/
秒）的流量自A點流入，B、C及D點各流出 0.1 m³/sec。

㈠求各水管之流量及摩擦損失水頭（不計次要損失）。（15 分）

㈡若 A、B、C、D 之高程相同，A 點之水壓為 20 m 水頭，
求 D 點之水壓。（5 分）

但已知 Darcy-Weisbach 水流公式為 $h_f = f \dfrac{L}{D} \dfrac{V^2}{2g}$，$L$＝管長，

D＝管徑，V＝平均流速，g＝重力加速度。

正方形配水管網

解答：

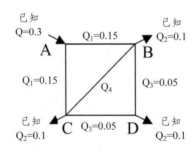

1. 由AB與AC管徑相同，再由正角度流向的圖，可知

$$Q_1 = \frac{Q}{2} = \frac{0.3}{2} = 0.15 \text{ m}^3/s$$

再由BD與CD管徑相同，及正角度流向的圖，可知

$$Q_3 = \frac{Q_2}{2} = \frac{0.1}{2} = 0.15 \text{ m}^3/\text{s}$$

再由圖上之流量平行衡，可知 $Q_4 = 0$ m^3/s

2. 由 $V = \dfrac{Q}{A}$，可求得各水管之流速 V

再由 $h_f = f\dfrac{L}{D}\dfrac{V^2}{2g}$，可求得各水管之摩擦損失水頭

3. A點之水壓為20 m水頭減AB管及BD管之摩擦損失水頭即等於D點之水壓

二、某市污水量有 10,000 m^3/d（立方公尺/日），原水經過初步
沈澱池後BOD$_5$與懸浮固體物（SS）濃度皆為 120 mg/L（毫克/升）擬做二級處理，
其中生物處理採用接觸氧化法。求：㈠接觸材料之體積、表面積和使用之材料。
㈡接觸氧化槽之體積、使用之槽數和段數。㈢曝氣量並說明曝氣之方式。（20分）

解答：

1. 設 F/M = 0.2 = $\dfrac{\text{BOD} \times \text{Q}}{\text{MLSS} \times \text{V}}$ = $\dfrac{120\text{mg/L} \times 10^4\text{m}^3/\text{d} \times 10^{-3}}{3000\text{mg/L} \times \text{V} \times 10^{-3}}$

設接觸氧化槽之MLSS = 3000 mg/L

即可由上式求得V = 2000 m^3

2. 接觸曝氣槽濾材填充率取50%，即需1000 m^{3}之濾材。

3. 選比表面積100 m^2/m^{3}之濾材，即得10^5 m^{2}之濾材總表面積。

4. 選用PVC材質之接觸濾材。

5. 將曝氣槽分成兩槽四段，每槽1000 m^{3}之體積。

6. 需氧量U = a'Y + b'z

$\qquad$ = 0.5×BDD×Q + 0.1×MLSS×V

$\qquad$ = 0.5×120×10^4×10^{-3} + 0.1×3000×2000×10

$\qquad$ = 1200kg/day

需空氣量Q = $\dfrac{U}{0.23\eta p}$

$\qquad\qquad$ = $\dfrac{1200}{0.23 \times 10\% \times 1.29}$ = 40445 m^3/day = 28 m^3/min

三、有兩座矩形沈澱池每日處理 6,000 m³/d（立方公尺/日）原水，其長、寬及有效水深分別為 30、5.5 及 3 m（公尺），求沈澱池之水力停留時間、水平流速、溢流率和溢流堰之長度，並說明此沈澱池是否合乎自來水工程設計規範。（20分）

解答：

1. 水力停留時間 $T = \dfrac{V}{Q} = \dfrac{30 \times 5.5 \times 3}{6000} = 0.0825$ day = 1.98 hrs

2. 水力流速 $V = \dfrac{Q}{W \times H} = \dfrac{6000}{5.5 \times 3} = 364$ m/d = 15 m/hr

3. 溢流率 $V = \dfrac{Q}{L \times W} = \dfrac{6000}{30 \times 5.5} = 36$ m²/m² · D

4. 溢流堰之堰負荷取120 m³/m · D

   由 $120 = \dfrac{6000}{L}$，得溢流堰長 L = 50 m

5. 自來水設計規範

   水力停留時間：2～3 hrs……符合

   有效水深：3～4 m……符合

   溢流率：20～40 m³/m² · D……符合

四、若污水二級處理後再利用，可做那些用途？應再做何種處理？請說明之。（20分）

解答：

1. 廁所馬桶及小便斗用水、澆灌、洗車、洗地、消防用水等。

2. 應再經砂濾、活性碳、消毒殺菌等處理。

五、有一河川水溫為 20℃ 流量 190,000 m³/d，BOD_5 及DO濃度分別為 1.0 mg/L和 7.0 mg/L，其下游只有一生活污水排入，污水量為 10,000 m³/d，水溫20℃，BOD_5 濃度180 mg/L溶氧（DO）為 0 mg/L。若該河川之水質目標是乙類，其 BOD_5 濃度不得高於 2 mg/L，DO不得低於 5.5 mg/L。求該污水容許排入之最大污染量，及污水必須處理的程度。但已知河水與污水BOD之分解係數（k, 20℃以 10 為底）分別為 0.1 與 0.15 d^{-1}（日$^{-1}$），河水之脫氧係數（deoxygenation coefficient, k_1）及再曝氣係數（reaeration coefficient, k_2）分別為 0.2 及 0.4 d^{-1}（均為 20℃以 10 為底），20℃ 之飽和DO=9.2 mg/L。（20分）

【提示】污水排入河川後之臨界點的DO最低濃度為 $D_c = \dfrac{k_1 L_0}{k} e^{-k_1 \times t_c}$，流過時間為

$$t_c = \frac{1}{k_2 - k_1} \log \frac{k_2}{k_1} \left[1 - \frac{D_0(k_2 - k_1)}{k_1 L_0} \right]$$，式中 L_0、D_0 分別為污水排入點之混合後

之 BODu（remaining carbonaceous ultimate BOD）和溶氧飽和不足量
（oxygen deficit）。

解答：

1. $D_C = 5.5$，$k = 0.15$，$L_0 = 2$

   $$\therefore D_c = \frac{L_1 L_0}{k} e^{-k_j \times t_c}$$

   $$5.5 = \frac{0.2 \times 2}{0.15} e^{-0.2 \times t_c}$$

   $$2.06 = e^{-k_j \times t_c}$$

   $$0.72 = -0.2 t_c$$

   $$t_c = -3.6$$

2. $$t_c = \frac{1}{k_2 - k_2} \log \frac{k_2}{k_1} \left[1 - \frac{D_0(k_2 - k_1)}{k_1 L_0} \right]$$

   $$-3.6 = \frac{1}{0.4 - 0.2} \log \frac{0.4}{0.2} \left[1 - \frac{D_0(0.4 - 0.2)}{0.2 \times 2} \right]$$

   $$-3.6 = 5 \times 0.3 \left[1 - \frac{D_0}{2} \right]$$

   $$-2.4 = 1 - \frac{D_0}{2}$$
   $$D_0 = 6.8$$

3. 由 $\dfrac{190000 \times 7 + Q \times 0}{190000 + Q} = 6.8$ mg/L

   求得 Q = 5588 m^3/D……每天可排入之污水量

4. 再由 $\dfrac{190000 \times 1 + 5588 \times BOD}{19000 + 5588} = 2$ mg/L

   求得 BOD = 36 mg/L……污水必須處理的程度

97年專門職業及技術人員高等考試建築師、技師考試暨普通考試記帳士考試、97年第二次 專門職業及技術人員高等暨普通考試消防設備人員考試、普通考試不動產經紀人考試試題 | 代號：00650 全一頁

等　　別：高等考試
類　　科：環境工程技師
科　　目：給水及污水工程
考試時間：2小時　　　　　　　　　　　　　　　　座號：＿＿＿＿＿＿

※注意：(一)不必抄題，作答時請將試題題號及答案依照順序寫在試卷上，於本試題上作答者，不予計分。
　　　　(二)可以使用電子計算器，但需詳列解答過程。

一、某地區海水中含有 30,000ppm NaCl 及 3,000ppm Na_2SO_4，試推估其滲透壓？請說明使用 RO 薄膜處理上述海水達自來水水質標準之規劃設計要點為何？（20分）

解答：

1. 凡特荷夫方程式稀薄溶液中其滲透壓與濃度和絕對溫度成正比

  公式：$P = C_M RT$ 或 $PV = nRT$

  〈Note〉若溶液為電解質則 $P = iC_M RT$

  由 $NaCl = Na^+ + Cl^-$，一個氯化鈉變成鈉離子，一變二，$i = 2$

  由 $Na_2SO_4 = 2Na^+ + SO_4^{2-}$，一個硫酸鈉變成鈉離子與硫酸根離子，一變三，$i = 3$

  設溫度為室溫25℃

  30,000 ppm NaCl = 30,000 mg/L NaCl = 30 g/L

  30 g NaCl = 30/58.5 = 0.5128 mol ⇒ C = 0.5128 M

  $P = iCRT = 2 \times 0.5128 \times 0.082 \times (25 + 273) = 25.07$ atm

  3,000 ppm Na_2SO_4 = 3 g/L Na_2SO_4 = 3/142 mol/L = 0.02113 M

  $P = iCRT = 3 \times 0.02113 \times 0.082 \times (25 + 273) = 1.55$ atm

2. 為了保護RO薄膜，前處理設備必須有砂濾槽及活性碳吸附槽以便去除水中較大型粒狀物質及有機物質，且應定出採水與排水比例、RO薄膜清洗頻率等。

二、某工廠廢水量為 10,000 m^3/day 水質為 50mg/L COD；規劃以活性碳吸附方式處理以達 10 mg/L COD 放流水水質標準，其等溫吸附模式為：

$$\frac{X}{M} = 0.002 \, C^{1.39}$$

式中 $\frac{X}{M} = \frac{COD去除量（mg）}{活性碳重量（mg）}$，C = COD mg/L

請估計以分批式反應槽（Batch reactor）及固定床連續流（Continuous-flow, Fixed-bed column）操作時所需添加之活性碳量？（20 分）

解答：

$$\frac{10000m^3/d \times (50-10)g/m^3}{M(mg)} = 0.002 \times (10)^{1.39}$$

$$M = 8.15 \times 10^9 \, mg$$

$$= 8150 \, kg$$

三、某操作人員擬以 10mg/L 明礬加入化學混凝池中，試估算其所需要之「鹼度」為多少 mg/L？相對地其所產生之污泥濃度為何？（20 分）

解答：

$$Al_2(SO_4)_3 \cdot 18H_2O + 3Ca(OH)_2 \rightarrow 2Al(OH)_3 + 3CaSO_4 + 18H_2O$$

1. 鹼度【$Ca(OH)_2$】：$\dfrac{\frac{10mg/L}{666}}{1} = \dfrac{\frac{Xmg/L}{74}}{3}$

   得X = 3.33 mg/L

2. 污泥濃度【$Al(OH)_3$】：$\dfrac{\frac{10mg/L}{666}}{1} = \dfrac{\frac{Xmg/L}{78}}{2}$

   得X = 2.34 mg/L

四、試規劃設計「生物」及「物化」單元操作試驗，分別求出污水處理廠中活性污泥池之「需氧量」及污泥濃縮池之「池底面積」，請分別說明其試驗程序、相關設計參數與設計基本模式。（25 分）

解答：

1. 需氧量：U = a'Y + b'Z

U：kg/day

Y：去除BOD（kg/day）

Z：MLSS量（kg）

a'= 0.35 ~0.5 kg-O_2/kg-BOD≒0.5 kg-O_2/kg-BOD

b'= 0.05 ~0.24 kg-O_2/kg-MLSS≒0.1 kg-O_2/kg-MLSS

需要空氣量：Q_{air}(m^3/day)；$Q_{air} = \dfrac{U}{0.23\eta\rho}$

η：氧氣吸收效率，10%

ρ：空氣密度，1.29 kg/m^3

2. 污泥濃縮池之停留時間為12 hrs，污泥濃縮池之有效深度為3 m

$V = \dfrac{Q}{T} = \dfrac{Q m^3/hr}{12 hrs}$

$A = \dfrac{V}{D} = \dfrac{V m^3/hr}{3 m}$

3. 進流水水質可選低、中、高三種濃度，生物曝氣池水力停留時間可選6 hrs、8 hrs、10 hrs三種，污泥迴流比可選定25%，生物曝氣池F/M值可設定在0.2～0.4，污泥齡（SRT）可選定10天

五、「節能減碳」為政府重要施政方針，請以自來水廠為例說明就「操作」與「維護」面提出可行之因應策略與實施方案。（15分）

解答：

1. 鋁鹽之回收

加H_2SO_4使Al(OH)$_3$變成$Al_2(SO_4)_3 \cdot 6H_2O$

即$2Al(OH)_3 + 3H_2SO_4 \rightarrow Al_2(SO_4)_3 \cdot 6H_2O$

2. 污泥之再利用

污泥固化成消波塊，或固化後填土、鋪路。

3. 渾水加氯：水在過濾前加氯處理，可改善混凝作用，減少沉澱池中有機物分解，可控制藻類及其他微生物，增加濾程。

96年專門職業及技術人員高等考試建築師、技師、法醫師考試暨普通考試記帳士考試、96年第二次專門職業及技術人員高等暨普通考試消防設備人員考試、普通考試不動產經紀人考試試題　代號：00650　全一頁

等　　別：高等考試
類　　科：環境工程技師
科　　目：水處理工程與設計（包括地下水污染與防治）
考試時間：2 小時　　　　　　　　　　　　座號：_____

※注意：㈠可以使用電子計算器。
　　　　㈡不必抄題，作答時請將試題題號及答案依照順序寫在試卷上，於本試題上作答者，不予計分。

一、集水區（watershed）的排水面積（drainage area）為 4047 公頃，在此集水區域內有 38%的面積，其最大逕流量為 0.0069 立方公尺／秒-公頃，其餘 62%面積的逕流量為 0.0046 立方公尺／秒-公頃，試計算輸送此逕流量所需要之雨水下水道的管徑大小。假設管線坡度為 0.12%，n = 0.011。（15 分）

解答：

流量$Q = 4047$公頃$\times (38\% \times 0.0069$ m³/s.公頃 $+ 62\% \times 0.0046$ m³/s.公頃)

$\quad\quad = 22.15$ m³/s

$\because Q = A \times V = \dfrac{\pi}{4}D^2 \times \dfrac{1}{n} \times R^{2/3}S^{1/2}$

$\therefore 22.15 = \dfrac{\pi}{4}D^2 \times \dfrac{1}{0.011} \times \left(\dfrac{\frac{\pi}{4}D^2}{\pi D}\right)^{2/3} \times (0.12\%)^{1/2}$

$\quad\quad\quad = \dfrac{\pi}{4}D^2 \times \left(\dfrac{D}{4}\right)^{2/3} \times \dfrac{1}{0.011} \times (0.12\%)^{1/2}$

$\quad\quad\quad = D^{8/3} \times \dfrac{\pi}{4} \times \left(\dfrac{1}{4}\right)^{2/3} \times \dfrac{1}{0.011} \times (0.12\%)^{1/2}$

$D = 3.22$ m

二、活性污泥系統之進流水量為 37,850 m³/d，曝氣槽中活性污泥的 MLSS = 2500mg/L，此 MLSS 在 1 L 量筒中，經沉降 30 min 後，污泥所佔體積為 275 mL，試計算活性污泥的 SVI（sludge volume index），並計算此活性污泥系統的迴流污泥濃度、迴流污泥水量及迴流比。（15 分）

解答：

1. $SVI = \dfrac{275 \times 1000 \times 10^4}{2500mg/L} = 110mg/L$

2. 迴流污泥濃度$X_r = \dfrac{10^6}{SVI} = \dfrac{10^6}{110} = 9090 \, mg/L$

3. 由$C_A = C_r \dfrac{r}{1+r}$

   $2500 \, mg/L = 9090 \, mg/L \times \dfrac{r}{1+r}$

   $r = 0.38 \cdots\cdots$迴流比

4. 迴流污泥量 $= Q \times r = 37850 \, m^3/d \times 0.38 = 14383 \, m^3/d$

三、PhoStrip process 是加強型生物除磷（enhanced biological phosphorus removal）的獨特方法之一，試繪出 PhoStrip process 的處理流程，並詳細說明此方法的特色和各單元的功能及目的。（20分）

解答：

1. phostrip process的流程

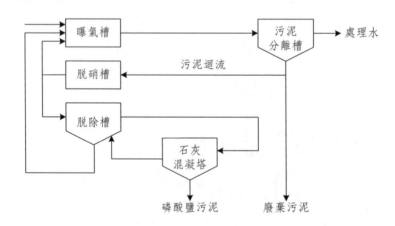

2 特色

   (1) 可同時去除有機C及N.P.

   (2) 磷的去除效率高

   (3) 石灰用量比化學除磷小

   (4) 很容易與現有活性污泥系統合併

3. 曝氣槽：硝化、攝P

脫硝槽：脫硝、除BOD

脫除槽：酸化、釋P

石灰混凝塔：化學除P

四、初沉池的操作資料如下：

流量 = 0.150 m³/s	進流 SS = 280 mg/L
SS 去除率 = 59%	沉澱污泥濃度 = 5%
污泥揮發性固體物 = 60%	污泥揮發性固體物比重 = 0.990
污泥安定性固體物 = 40%	污泥安定性固體物比重 = 2.65

(一)試計算每日初沉污泥的產量為多少 m³/d？（10 分）

(二)又批次沉降試驗結果顯示，上述初沉污泥之固體物濃度和沉降速度的關係如下表，若初沉污泥以重力濃縮方式，將污泥濃縮至底流固體物濃度（underflow solids concentration）為 10%，則所需濃縮池面積為何？（15 分）

固體物濃度(%)	沉降速度(m/d)	固體物濃度(%)	沉降速度(m/d)
10	0.125	2	5.30
8	0.175	1	34.0
6	0.30	0.5	62.0
5	0.44	0.4	68.0
4	0.78	0.3	76.0
3	1.70	0.2	83.0

解答：

0.15 m³/s×60 S×60 mins×24 hrs×280 mg/L×59%×10^{-6}噸/g = 2.14噸

　　2.14×60%÷0.99 = 1.30 m³/d

　+ 2.14×40%÷2.65 = 0.32 m³/d

　　　　　總污泥體積 = 1.62 m³/d

1.62 m³/d÷5% = 32.4 m³/d……含水污泥體積

2.由表可知沉澱污泥濃度為10%時，沉降速度為0.125 m/d

$$A = \frac{Q}{V} = \frac{32.4 m^3/d}{0.125 m/d} = 259 m^2$$

五、影響生物復育（bioremediation）的因子（factors）和條件（conditions）為何？air-sparging system 為工程的現地生物復育（engineered in situ bioremediation）技術之一，試繪出示意圖並詳細說明 air-sparging system 在土壤和地下水污染整治的配置、操作和應用。（25 分）

解答:

1. 影響生物復育的因子和條件有:土壤濕度、溫度、土壤孔隙率、土壤中空氣含量或含氧量、土壤中有機物:N:P:Fe = 100:5:1:0.5。

2. AS的操作原理是使地表下的石油碳氫化合物揮發,是用空氣機將空氣直接注入地表下,空氣曝氣時常和SVE系統合併操作,AS對地表下產生壓力,污染物會橫向或垂直膨脹移動,應往上抽出經水洗或活性碳吸附,才不會引起健康或曝露的危害。

95年專門職業及技術人員 高等考試建築師、技師考試暨 普通考試不動產經紀人、地政士 考試試題　代號：00650　全一頁

　等　　別：高等考試
　類　　科：環境工程技師
　科　　目：水處理工程與設計（包括地下水污染與防治）
　考試時間：2 小時　　　　　　　　　座號：_____

※注意：㈠可以使用電子計算器。
　　　　㈡不必抄題，作答時請將試題題號及答案依照順序寫在試卷上，於本試題上作答者，不予計分。

一、有一抽水系統抽水井之平均水位高程為 10 m，用一離心式抽水機抽水到水塔，其平
　均水位為 20 m。若抽水機之特性曲線可用 $H=20-1.5Q^2$ 表示，H 為總揚程，單位
　為 m；Q 為抽水量，單位為 m^3/sec。若抽水管與送水管之管徑均為 1,000 mm，管長
　共 4 km，摩擦係數 f 為 0.015。求抽水系統之抽水量、操作水頭及抽水機之理論馬
　力。（20 分）

解答：

1. 由 $h = f\dfrac{L}{D}\dfrac{V^2}{2g} = 0.015\dfrac{4000}{1}\dfrac{2^2}{2 \times 9.8} = 12m$

（假如管中水流速為 2 m/sec）

操作水頭 H = 10 m + 20 m + 12 m = 42 m

2. 由 $H = 20 + 1.5Q^2$

$42 = 20 + 1.5Q^2$

$Q = 3.8\ m^3/sec$

3. 由 $H_p = \dfrac{HQ\gamma}{750} = \dfrac{42 \times 3.8 \times 9800}{750} = 2085Hp$

二、某一幹管內徑為 2,000 mm，外徑為 2,300 mm，外壓強度 4,200 kg/m，覆土深 4 m，
　開挖寬 3 m，回填土為黏土質，單位體積重量 1.7 t/m^3，土壤之載重係數（loading
　coefficient）$C_d=1.3$。若該管埋在車道下，車輛以 H-20 設計，求水管所受之土壤荷
　重和活荷重。（20 分）

解答：

1. 土壤荷重 $P_1 = \dfrac{WHB_d}{B_c} = \dfrac{1.7 \times 10^3 \times 4 \times 3}{2.3} = 8870kg$

W：單位體積重量

H：覆土深

B_d：開挖寬

B_c：管外徑

2. 活載重$P_1 = \dfrac{C_d W B_d^2}{B_c} = \dfrac{1.3 \times 1.7 \times 10^3 \times 3^2}{2.3} = 8648 \text{kg}$

C_d：載重係數

三、如果您是環工技師，替某鎮設計活性污泥法處理生活污水（二級處理），預計處理人口 100,000 人，處理水之 BOD＝20 mg/L（其中溶解之 BOD 占 60%），SS＝15 mg/L。㈠請列出處理流程，㈡求初沉池之尺寸，㈢求活性污泥曝氣槽之體積。假設曝氣槽污泥平均細胞停留時間 θ_c＝10 天，微生物轉換係數 Y＝0.6，分解係數 k_d＝0.02　1/d。但已知公式 $V = \dfrac{Y Q \theta_c (S_0 - S_e)}{X(1 + k_d \theta_c)}$，$S_0$、$S_e$ 分別為進出流水之機質濃度。（25 分）

（註：所需各項數據，請自行合理假設。）

解答：

1.

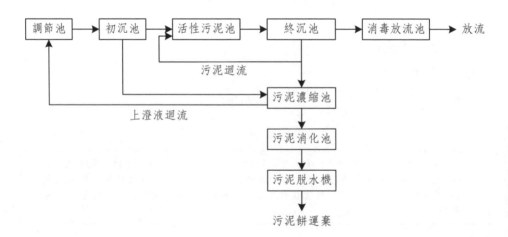

2. Q = 0.3 m³/人・日×100000人×1.2（安全係數）= 36000 m³/日

假設活性污泥曝氣池MLSS = 3000 mg/L

假設污水BOD濃度為250 mg/L

初沉池體積V = Q×T = 36000 m³/日 × 1.5 hrs / 24 hrs = 2250 m³

假設池深3 m

$$2250 \text{ m}^3 = 3 \text{ m} \times \frac{\pi}{4}\text{D}^2$$

D = 30 m……直徑

3. 由 $V = \dfrac{Y Q \theta_c (S_0 - S_e)}{X(1 + k_d \theta_c)}$

$$= \frac{0.6 \times 36000 \times 10 \times (250 - 20) \times 60\%}{3000(1 + 0.02 \times 10)}$$

= 8280 m³……曝氣池體積

四、有一淨水廠每日處理 50,000 m³/d 自來水，採用混凝沈澱處理，若膠凝池用明輪式（paddle type）膠凝機混合，試設計膠凝池之體積及膠凝機之動力，但動力機件之效率為 0.85，水之黏滯係數 μ =0.001 kg/m/sec。（20 分）
（註：所需各項數據，請自行合理假設。）

解答：

1. 設膠凝池停留時間為20 mins

$$V = Q \times T = 5000 \text{ m}^3/\text{d} \times \frac{20\text{ins}}{24\text{hrs} \times 60\text{mins}}$$

2. 設膠凝池之G值為50

由 $G = \sqrt{\dfrac{P}{V\mu}}$

$$50 = \sqrt{\frac{P}{694 \times 0.001}}$$

P = 1735 W

$$膠凝求動力 = \frac{1735}{0.85 \times 750} = 2.72 \text{ Hp}$$

選用3 HP

五、用土壤處理家庭污水應考慮那些因素，才不會造成環境與土壤的污染？（15分）

解答：

1. 達放流水標準才可做土壤處理。

2. 應依法申請，核准後始可做土壤處理。

3. 應設監測井，定期監測地下水是否有受到污染。

```
94 年專門職業及技術人員 高等考試建築師、技師考試暨普通考    代號：00650 全一頁
                        試不動產經紀人、地政士、記帳士考試試題
     等    別：高等考試
     類    科：環境工程技師
     科    目：水處理工程與設計（包括地下水污染與防治）
     考試時間：2 小時                              座號：_____
※注意：(一)不必抄題，作答時請將試題題號及答案依照順序寫在試卷上，於本試題紙上作答者，不予計分。
        (二)可以使用電子計算器，但需詳列解答過程。
```

一、試分別說明自來水中總三鹵甲烷、溴酸鹽之成因及其現在與明年（民國 95 年）7 月
　　1 日起施行之水質標準為何？（20 分）

解答：

1. 總三鹵甲烷為THM中的$CHCl_3$, $CHBrCl_2$, $CHBr_2Cl$, $CHBr_3$四種總稱
　　為TTHM，為THM中所占比例較大者，是自來水殺菌消毒處理後的
　　副產物，為致癌物，是腐植質、單寧等有機物與氯反映的結果。

2. 溴酸鹽也是加溴消毒處理後的副產物。

3. 總三鹵甲烷：0.2 mg/L.

二、某壓力水井（管徑 600 公釐）之地下含水層因受三氯乙烯之污染，準備採用抽水及
　　處理方式復育，已知該含水層之蓄水係數 S = 3.4 × 10^{-5}，輸水係數 T = 400 $m^3/m \cdot day$
　　，若抽水量維持固定為 Q = 3800 m^3/day，試計算(一)抽水 10 天後，水位淺降 s 為多
　　少？(二)抽水 10 天後，停抽 5 天，則其水位淺降為多少？（20 分）
　　（註：水井函數公式為

$$W(u) = \int_u^\infty \frac{e^{-u}}{u} du$$

$$= -0.5772 - \ln u + u - \frac{u^2}{2 \times 2!} + \frac{u^3}{3 \times 3!} - \frac{u^4}{4 \times 4!} + \cdots + (-1)^{n-1} \frac{u^n}{(n)(n!)} + \cdots \quad , u = \frac{r^2 S}{4Tt}$$ ）

解答：

$$d = \frac{Q}{4\pi T} \ln \frac{2.25Tt}{r^2 S}$$

$$d_{10} = \frac{3800}{4\pi \times 400} \ln \frac{2.25 \times 400 \times 10}{(0.3)^2 \times 3.4 \times 10^{-5}} = 16.48m$$

	Q_1	Q_2
1	3800	
2	3800	
3	3800	
4	3800	
5	3800	
6	3800	
7	3800	
8	3800	
9	3800	
10	3800	
11	3800	−3800
12	3800	−3800
13	3800	−3800
14	3800	−3800
15	3800	−3800

$$d_1 = \frac{3800}{4\pi \times 400} \ln \frac{2.25 \times 400 \times 15}{(0.3)^2 \times 3.4 \times 10^{-5}} = 16.78\text{m}$$

$$d_2 = \frac{-3800}{4\pi \times 400} \ln \frac{2.25 \times 400 \times 5}{(0.3)^2 \times 3.4 \times 10^{-5}} = -15.95\text{m}$$

$$d = d_1 + d_2 = 16.78 - 15.95 = 0.83 \text{ m}$$

三、假定有一抽水站位於標高 500 公尺處，其所用抽水機需要維持 $NPSH_{reqd}$ 30 kPa，水溫為 30℃（水蒸汽壓為 4.3 kPa），若抽水系統之摩擦水頭損失及進水損失等共為 15 kPa，試求其允許之吸水高度為多少公尺？（20 分）

（註：大氣壓力下降率為−1.2 m/1000m）

解答：

Hsv = Ha − Hp + Hs − He

Hsv：有效淨吸水高度

Ha：大氣壓力

Hp：蒸氣壓力

Hs：吸水淨揚程

He：吸水管內各損失頭和

∵標準狀況下1 atm = 10.3 m水柱高之水壓

　Ha = 10.3 m − 1.2m / 1000 m×500 m = 9.7 m

　Hp = 4.3 kPa

　Hs = 30 kPa

　He = 15 kPa

∴Hsv = 9.7 m + (− 4.3 + 30 − 15) kPa

　　 = 9.7 m + 10.7 kPa

∵kPa = 10^3 Pa

　Pa = N/m^2 = 9.8 kg/m^2 = 9.8×10^{-3} m^3/m^2

∴kPa = 9.8 m^3/m^2 = 9.8 m水柱高之水壓

∴Hsv = 9.7 m + 10.7×9.8 m

　　 = 114.56 m

四、試詳細說明利用曲線號碼（Curve number, CN）求小流域開發前、後之設計暴雨尖　峯逕流量與總逕流量之過程（SCS 法）。（20 分）

解答：

1.總逕流量即有效降雨量或累積超滲降雨量（mm）

$$P_e = \frac{(P - 0.2S)}{P + 0.8S}$$

$$S = \frac{25400}{CN} - 254$$

　P_e：累積超滲降雨量

　P：累積降雨量

S：包括初期扣除量之最大滯留量

CN：SCS曲線號碼，由土壤種類地表覆蓋、耕作方式、土地利用等
條件決定

由CN值可求得S再由S及P可求得P_e

P_e即總逕流量或稱累積超滲降雨量

2.洪峰流量

$Q_p = 0.208 \times A \times Pe / T_p$

Q_p：洪峰流量（cms）

A：流域面積（km^2）

P_e：超滲雨量（mm）

T_p：開始漲水至洪峰發生之時間（hr）

由A，P_e，T_p可求得Q_p

五、試比較重力沉澱池與重力沉砂池之原理與設計上之差異。（20分）

解答：

1.沉砂池僅希望去除比重較重的砂子，單純是無機物的砂子處分時較
容易，可直接做鋪路、填土等回收再利用，所以水力停留時間較
短，僅30～60 sec，面積負荷較大，達1800～3600 $m^3/m^2 \cdot day$。

2.沉澱池希望能去除所有的粒狀物質，含比重較輕的有機物質，污泥
一般都需要再濃縮、消化、脫水處理，所以水力停留時間較長，約3
hrs，面積負荷較小，約20～50 $m^3/m^2 \cdot day$。

| 九十三年專門職業及技術人員 高等考試建築師、技師、民間之公證人 暨普通考試不動產經紀人、地政士 考試試題 | 代號：00650 | 全一頁 |

等　　別：高等考試
類　　科：環境工程技師
科　　目：水處理工程與設計（包括地下水污染與防治）
考試時間：二小時　　　　　　　　　座號：＿＿＿＿＿＿

※注意：㈠不必抄題，作答時請將試題題號及答案依照順序寫在試卷上，於本試題上作答者，不予計分。
　　　　㈡可以使用電子計算器。

一、飲用水水質標準（92 年 5 月 7 日修正發布）中有關總硬度之規定，依現行標準為 400 mg/L（as $CaCO_3$），而自 94 年 7 月 1 日起則為 150 mg/L（as $CaCO_3$）。㈠假設有一飲用水水源之水體其鈣硬度為 160 mg/L（as $CaCO_3$），鎂硬度 30 mg/L（as $CaCO_3$），總鹼度為 210 mg/L（as $CaCO_3$），若採用化學軟化法處理，以符合 150 mg/L（as $CaCO_3$）之標準，該如何處理？請以流程圖及詳細計算式量化說明。㈡又假設有另一飲用水水源之水體其鈣硬度為 100 mg/L（as $CaCO_3$），鎂硬度 100 mg/L（as $CaCO_3$），總鹼度為 210 mg/L（as $CaCO_3$），若採用化學軟化法處理，以符合 150 mg/L（as $CaCO_3$）之標準，則又該如何處理？也請以流程圖做簡要說明。㈢實務操作上採用化學軟化法處理後鈣與鎂硬度最低大約是多少（as $CaCO_3$）？（25 分）

解答：

(一) 總鹼度即碳酸鹽硬度，又鈣硬度較高，所以主要要去除 $Ca(HCO_3)_2$，把160 mg/L鈣硬度去除即可，用石灰法：

∴$CaO + H_2O \rightarrow Ca(OH)_2$

$Ca(OH)_2 + Ca(HCO_3)_2 \rightarrow 2CaCO_3 \downarrow + 2H_2O$

$$\frac{X}{40 + (17) \times 2} = \frac{210 - 150}{40 + (61) \times 2}$$

X = 27 mg/L……即$Ca(OH)_2$所需添加量

(二) 鈣、鎂硬度藥都能去除，所以只能用超量石灰法

$Ca(OH)_2 + Ca(HCO_3)_2 \rightarrow 2CaCO_3 \downarrow + 2H_2O$

$$\frac{X}{40 + (17) \times 2} = \frac{100}{40 + (61) \times 2}$$

X = 46 mg/L……因鈣硬度所加的$Ca(OH)_2$量

$Ca(OH)_2 + Mg(HCO_3)_2 \rightarrow CaCO_3 + MgCO_3 \downarrow + 2H_2O$

$$\frac{X}{40 + 17 \times 2} = \frac{100}{40 + 61 \times 2}$$

$$X = 51 \text{ mg/L} \cdots\cdots \text{因鎂硬度需加Ca(OH)}_2\text{的量}$$

$$\frac{100}{24+61 \times 2} = \frac{X}{24+61}$$

$$X = 58 \text{ mg/L} \cdots\cdots \text{MgCO}_3\text{產生量}$$

$$MgCO_3 + Ca(OH)_2 \rightarrow CaCO_3 \downarrow + Mg(OH)_2 \downarrow$$

$$\frac{58}{24+60} = \frac{X}{40+17 \times 2}$$

$$X = 51 \text{ mg/L} \cdots\cdots \text{因鎂硬度Ca(OH)}_2\text{需添加量}$$

$$\therefore 46 + 51 + 51 = 148 \text{ mg/L} \cdots\cdots \text{超量Ca(OH)}_2\text{總添加量}$$

(三) 大約在20～40 mg/L

二、有某一加油站主要供應汽油與柴油，該場址內的單一土壤採樣點與單一地下水監測井經採樣分析調查後發覺有汽油污染的可能，採樣分析結果如下：土壤總石油碳氫化合物（TPH）：TPHg：2000 mg/kg（汽油），TPHd：250 mg/kg（柴油）【*TPH：1000 mg/kg*】，苯：20 mg/kg【*5 mg/kg*】，甲苯：600 mg/kg【*500 mg/kg*】，乙苯：400 mg/kg【*250 mg/kg*】；地下水的苯：2.5 mg/L【*0.05 mg/L*】，甲苯：60 mg/L【*10 mg/L*】，乙苯：40 mg/L，總酚：5.6 mg/L【*0.14 mg/L*】【*括號內之數字為該污染物之管制標準值，提供參考*】。假如調查資料顯示該污染場址之土壤為砂質壤土，且相當均質，土壤平均滲透係數（K）約 0.0003 cm/sec，非飽和層厚約 5 公尺，第一含水層厚約 6 公尺，平均水力坡降約 5/10000。地下水之 DO 約 0.2 mg/L，ORP 約-50 mV，總異營性菌數約 10^5 CFU/mL。請建議可行的污染改善方法、流程與該流程主要的操作參數，並做簡要之說明。（25 分）

解答：

(一) 改善方法：

先以物理性的把油及油氣抽除，再以化學方法氧化殘留油，若尚未達標準再以生物處理方法處理，若尚有小區塊污染物，可再以挖除處理。

(二) 抽油、抽氣 → 化學處理 → 生物處理 → 污染團塊挖除 → 自主驗證 → 解除列管

(三) 生物處理時控制參數

BOD：N：P：Fe = 100：5：1：0.5

DO值最好能在0.5 mg/L以上

(四) 說明：

1. 以先抽地下水中上浮的油層，將其抽至地面，再經油水分離層器及活性碳吸收處理才能排放。

2. 抽氣把土壤中的油氣抽除，抽出的油氣需經活性碳吸收後，才可排放。

3. 化學處理一般添加H_2O_2或奈米級的零價鐵，用以氧化破壞油成分中的分子結構。

4. 加除油菌及酵素是要以生物分解殘留低濃度的油。

5. 若剩下小區塊不易去除的污染物團塊可以挖除，換乾淨土的方式處理。

三、假設脫硝反應以甲醇為碳源的化學計量式為：$NO_3^- + 1.08\ CH_3OH \longrightarrow 0.065\ C_5H_7O_2N + 0.47\ N_2 + 0.76\ CO_2 + 1.44\ H_2O + OH^-$。有一事業廢水只含硝酸鹽（假設其餘的可忽略不計），其濃度為 250 mg/L，假設該廢水擬採添加甲醇的脫硝處理法處理使其放流水符合（即小於或等於）50 mg/L 的放流標準，若採用完全混合槽且污泥不迴流的系統處理，首先請將本處理流程簡要繪出，並請估算出甲醇的添加量應為多少？放流水中甲醇的濃度為何？由殘留的甲醇所形成的 BOD 值又多少（假設污泥沉降良好，可忽略放流水中懸浮固體物（SS）對 BOD 的貢獻量）？假設此廢水並不含磷，則需添加多少磷至本處理系統中？（25 分）

解答：

(一)

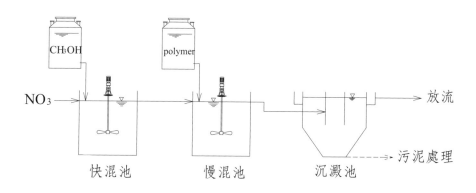

(二) 甲醇添加量

$$\frac{25}{14+16\times 3}\times 1.08\times (12+16+4)=139 \text{ mg/L}$$

(三) 放流水中甲醇濃度

$$\frac{50}{14+16\times 3}\times 1.08\times (12+16+4)=28 \text{ mg/L}$$

(四) 甲醇形成BOD：$28\times \dfrac{12}{12+16+4}=10.5$ mg/L

(五) 需添加磷

BOD：N：P = 100：5：1

∴為10.5 mg/L$\times \dfrac{1}{100}=0.105$ mg/L

四、生活污水處理廠採生物處理所產生的廢棄污泥（wasted sludge）最近又被稱為生物固體物（biosolids），請由資源再利用的觀點說明二種可能的生物固體物有效性再利用（beneficial reuse）的方式，與其可供有效性再利用的理由。（25分）

解答：

(一) 可當肥料：含有機物C源及N.P.

(二) 經厭氧硝化可產生甲烷：含有機物，經酸化再甲烷化後可產生沼氣，提供為燃料使用。

九十二年專門職業及技術人員	律師、會計師、建築師、技師 社會工作師、土地登記專業代理人	檢覈筆試試題	代號：30920	全一頁

類　　科：環境工程技師
科　　目：污水工程與設計
考試時間：二小時　　　　　　　　　　　　　　座號：＿＿＿＿＿＿＿

※注意：㈠不必抄題，作答時請將試題題號及答案依照順序寫在試卷上，於本試題上作答者，不予計分。
　　　　㈡可以使用電子計算器，但需詳列解答過程。

一、某一集水區面積 150 公頃，其中住商混合區面積 75 公頃，文教及行政區面積 15 公
頃，工業區面積 45 公頃，公園綠地面積 15 公頃，若該地區之降雨強度為 $I = \dfrac{7748}{t + 46.22}$，
則該集水區：
㈠排水幹管之計畫逕流量若干？（10 分）
㈡幹管之管徑若干？（10 分）
㈢若需以抽水排水，其總揚程為 5m，則其抽水機之設計台數及口徑各若干？
　（20 分）
（所有數據自行合理假設）。

解答：

逕流係數自行假設

（一）平均 $C = \dfrac{75 \times 50\% + 15 \times 60\% + 45 \times 80\% + 15 \times 10\%}{150}$

$\qquad = \dfrac{38 + 9 + 36 + 1.5}{150}$

$\qquad = 0.56$

降雨強度 I：mm/hr　　t 之單位為 min

$\qquad \therefore I = \dfrac{7748}{60 + 46.22} = 73$ mm/hr

$\qquad Q = \dfrac{1}{360} CIA = \dfrac{1}{360} \times 0.56 \times 73 \times 150$

$\qquad \quad = 17$ m^3/s

（二）$Q = VA$

$\quad$ 設 $V = 2$ m/s

$\quad Q = 2 \times \dfrac{\pi}{4} D^2 = 17$

$\quad$ 得 $D = 3.28$ m

(三) $Hp = \dfrac{5 \times 17 \times 9800}{750} = 1110Hp$

可分成375 Hp×3台

每台流量Q $= \dfrac{17}{3} = 5.6 \ m^3/s$

$Q = VA$

設$V = 2 \ m/s$

$5.6 = 2 \times \dfrac{\pi}{4}D^2$

求得$D = 1.892 \ m = 1892 \ mm$

二、某一地區面積 150 公頃，人口密度 500 人/公頃，其污水擬收集後以二級生物處理後納入灌溉圳道混合供灌溉用水再利用，試計算並設計下列：
　(一)污水處理廠設計最大小時、最大日污水量各若干？（10分）
　(二)設計污水水質及處理水水質應若干？其考量背景如何？（10分）
　(三)污水處理流程（含污泥）及其考慮背景？（15分）
　(四)污水處理廠初步設計、配置及其考慮背景如何？（25分）
　（所有數據自行合理假設）。

解答：

(一) 500人／公頃×150公頃 = 75000人

　　設每人每天平均水量：300 L/人・D

　　平均日汙水量 = 300 L/人・D×75000人 = 22500 m^3/D

　　最大小時 = 22500×2.5 = 56250 m^3/D

　　最大日時 = 22500×1.3 = 29250 m^3/D

(二) 進流水水質：BOD：250 mg/L

　　　　　　　　SS：250 mg/L

　　處理後水質：BOD：20 mg/L以下

　　　　　　　　SS：20 mg/L以下

　　　　　　　　N：10 mg/L以下

　　　　　　　　P：1 mg/L以下

處理後水質應達灌溉水排放標準。

(三)

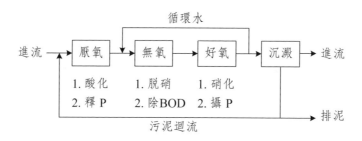

應選可同時去除N.P.的A$_2$O生物處理系統

(四) 以最大日水量設計，取Q = 3000 m^3/D

調節池V = Q×T = 3000 m^3/D×8/24日 = 10000 m^3

厭氧池V = Q×T = 3000 m^3/D×6/24日 = 7500 m^3

無氧池V = Q×T = 3000 m^3/D×4/24日 = 5000 m^3

好氧池V = Q×T = 3000 m^3/D×4/24日 = 5000 m^3

沉澱池V = Q×T = 3000 m^3/D×3/24日 = 3750 m^3

設池深均為4 m

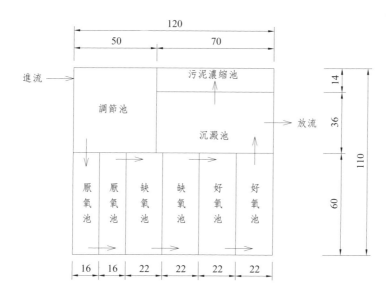

應考濾水池池底平整好一次打底施工

應考慮水池四面平整美觀模板好施工

應考慮處理流程流暢，儘量用重力流，少用泵浦打

九十一年第一次專門職業及技術人員　律師、會計師　檢覈筆試試題　代號：0720　全一頁
　　　　　　　　　　　　　　　　　建築師、技師
　　　　　　　　　　　　　　　　　社會工作師
　　　　　　　　　　　　　　　　　土地登記專業代理人

　類　　科：環境工程技師
　科　　目：污水工程與設計
　考試時間：二小時　　　　　　　　　　　　座號：＿＿＿＿＿＿

※注意：(1)不必抄題，作答時請將試題題號及答案依照順序寫在試卷上，於本試題上作答者，不予計分。
　　　　(2)本試題可使用電子計算器，使用電子計算器計算之試題，需詳列解答過程。

一、有一污水管內徑 600 mm 作管溝埋設，管厚 10 cm，溝深 3 m，土壤單位體積重 W＝1800 kg/m³，且污水管埋於幹道下，水管每節 5 m，若不計管之自重。

　㈠若覆土之載重係數（loading coefficient）C_d＝1.2，求水管所承受之覆土荷重。（9 分）

　㈡若水管埋設在幹道下，求其所承受卡車（以 H-20 計）之車輪荷重，但已知車輪之載重係數 C_s＝1.1。（9 分）

　㈢若水管管承（pipe bedding）採用 Class C，其載重因子（loading factor）為 1.5，求該污水管所需的裂紋強度。（7 分）

解答：

(一)

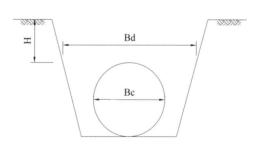

W：土壤單位體積重

Bc：管外徑

∵載重係數C_d：$\dfrac{H}{B_b}$

∴$B_d = \dfrac{H}{C_d}$

$$P_1 = \frac{C_d W B_d^2}{B_c}$$

$$= \frac{1.2 \times 1800 \times \left(\frac{3}{1.2}\right)^2}{0.6 + 0.1 \times 2}$$

$$= \frac{13500}{0.8} = 16875 \text{ kg/m}^2$$

(二) 載重係數 $Cs = \dfrac{0.318Br}{Kr}$

　　r：至管後中心之半徑

　　K：外壓載重及支承條件所決定之係數

$$1.1 = \frac{0.318(0.6 + 0.1 \times 2)}{K\left(\dfrac{0.6}{2} + \dfrac{0.1}{2}\right)}$$

$$1.1 = \frac{0.318 \times 0.8}{K \times 0.35}$$

求得 K = 0.66

M = Kqr²

H-20即T-20即車重20 t，後車輪載重約8t

$$8000\text{kg} = 0.66 \times q \times \left(\frac{0.6 + 0.1}{2}\right)^2$$

$$q = 98948 \text{ kg/m}^2$$

(三) 16785 kg/m² + 98948 kg/m² = 115823 kg/m²

　　115823 kg/m² × 1.5 = 173735 kg/m²

二、有一污水加壓站之抽水機的特性曲線如下表。抽、送水管管徑均為 400 mm，總長 1000 m，Darcy 公式之摩擦係數 f＝0.015。該抽水站用 2 台抽水機並聯抽水時，淨 水頭 15 m，求其抽水量與理論馬力。但不計次要損失。（25 分）

抽　水　量，Q（cms）	揚　程，H（m）
0.00	25.0
0.05	23.4
0.10	22.9
0.15	20.0
0.20	15.6

解答：

由 $h_f = f \dfrac{L}{D} \dfrac{V^2}{2g}$

設 $V = 2$ m/s

$h_f = 0.015 \times \dfrac{1000}{0.4} \times \dfrac{2^2}{2 \times 9.8}$

　$= 7.7$ m

$H = 15 + 7.7 = 22.7$ m

由題中 H-Q 表可對得 $Q \doteqdot 0.1$ m^3/s

再由 $Hp = \dfrac{HQR}{750}$，r 為水比重 9800 N/m^3

$= \dfrac{22.7 \times 0.1 \times 9800}{750}$

$= 29.7$ Hp

$= 30$ Hp（2台抽水機，假設1台備用，僅保持1台運轉）

三、有一社區污水之水量為 10000 cmd，生污水性質 BOD$_5$ 為 200 mg/1、SS（懸浮固體物）為 200 mg/1，VSS（揮發性懸浮固體物）與 SS 之比值為 0.8，VSS 比重為 1.05，FSS（fixed SS）比重為 1.5，以傳統式活性污泥法做二級處理，求：

(一)曝氣槽之體積、MLSS（混合液懸浮固體物）之濃度與返送污泥量，以及需氧量。（25分）

(二)產生之污泥量。（5分）

(三)若經厭氧消化可分解掉 60% 之 VS，求消化前後之污泥流量與消化槽之體積。（20分）

解答：

(一) 設$F/M = 0.3 = \dfrac{Q \times BOD}{MLSS \times V}$

設MLSS=2000 mg/L

$0.3 = \dfrac{10000m^3/D \times 200mg/L \times 10^{-3}}{2000mg/L \times V \times 10^{-3}}$

$V = 3333\ m^3$……曝氣槽體機

設迴流比r = 25%

則反送污泥量 = 10000 m^3/D×25% = 2500 m^3/D

需氧量 = $BOD \times Q \times 10^{-3} \times 0.5 + MLSS \times V \times 10^{-3} \times 0.1$

　　　　= 200 mg/L×10000 m^3/D×10^{-3}×0.5 + 2000 mg/L×3333 m^3×10^{-3}×0.4

　　　　= 1000 kg/D + 666 kg/D

　　　　= 1666 kg/D

(二) 污泥產量 = $BOD \times Q \times 10^{-3} \times 0.5 - MLSS \times V \times 10^{-3} \times 0.1$

　　　　　= 1000 kg/D － 666 kg/D

　　　　　= 334 kg/D……絕乾污泥

SS造成之污泥 = 200 mg/L×10000 m^3/D×10^{-3} = 2000 kg/D

334 + 2000 = 2334 kg/D

設污泥餅含水率80%

則產生 $\dfrac{2334}{(1-80\%)}$ = 11670 kg/D之污泥餅

(三) 2334 kg/D×0.8 = 1867 kg/D…VSS

1867 kg/D×(1 － 60%) = 746 kg/D……殘存VSS

2334 kg/D － 1867 kg/D = 467 kg/D……FSS

設含水率98%

$\left(\dfrac{746}{1.05} + \dfrac{467}{1.5}\right) \times 10^{-3} \div (1-98\%)$

= 51 m^3/D……消化後流量

$\left(\dfrac{2334 \times 0.8}{1.05} + \dfrac{2334 \times 0.2}{1.5}\right) \times 10^{-3} \div (1-98\%)$

$= 104 \ \text{m}^3/\text{D}$……消化前流量

消化槽體積$V = \dfrac{1}{2}(Q_1 + Q_2) \times T$

設消化日數為14日，Q1、Q為消化前後之污泥流量

$V = \dfrac{1}{2}(51 + 104) \times 14$

$\quad = 1085 \ \text{m}^3$

律師、會計師、建築師、技師
九十年第二次專門職業及技術人員 社 會 工 作 師檢覈筆試試題　代號：0820　全一頁
土地登記專業代理人

類　　科：環境工程技師
科　　目：污水工程與設計
考試時間：二小時　　　　　　　　　　　　　　座號：＿＿＿＿＿＿

※注意：(1)不必抄題，作答時請將試題題號及答案依照順序寫在試卷上，於本試題上作答者，不予計分。
　　　　(2)本試題可使用電子計算器，使用電子計算器計算之試題，需詳列解答過程。
　　　　(3)必要時請做合理的假設，但須說明該假設之理由。題目已有的參數或條件，則不應再做任何假設。

一、某水源保護區內有一既設的生活污水處理廠，該廠為典型的傳統活性污泥系統，其放流水的 BOD 及 SS 均可符合放流水標準，但氮與磷卻未能符合該水源保護區的放流水標準，若你的工作是被要求在最經濟可行的前提下提出該廠的改善方案，以使其放流水在 BOD、SS、N 與 P 各方面均能符合該水源保護區的放流水標準，請問㈠你對該廠的評估程序為何？㈡你所建議的改善方案為何？為什麼？（30 分）

解答：

(一) 對該污水廠評估程序如下：

　　1. 從進流水與放流水的水質、水量、估算污水廠各處理單元現有容積，是否足夠。

　　2. 了解污水廠各處理單元是否在最佳操作狀態下。

　　3. 針對氮、磷的去除功能，應改變成可同時去除氮磷的A_2O系統或是SBR系統。

　　4. 現有流程改成A_2O最方便。

(二) 1. 建議改成A_2O系統。

　　2. A_2O系統需較多生物池且需沉澱池與傳統活性污泥法較接近如下圖：

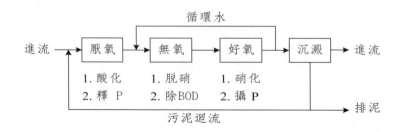

二、若你任職某環境工程顧問公司，你受聘至某食品廠以輔導該食品廠的廢水
處理廠（其廢水以 BOD、SS 污染為主，有少量植物性油脂），該廢水處理
廠為典型的延長曝氣活性污泥系統，但該廢水處理廠的放流水的 BOD 與
SS 卻一直偏高，因而請你協助該廠改善其廢水處理廠，㈠你該如何執行你
的工作？（或是你的具體步驟為何？）㈡你需要何種分析設備或數據？請
條列說明。（20 分）

解答：

(一) 1. 先測SVI，了解污泥是否老化上浮，是否需要加速排泥？

2. 了解油脂瞬間進流量是否太大，是否需增設CPI除油系統。

(二) 1. 測SVI的污泥沉降椎形漏斗。

2. 測MLSS的濾紙，抽氣SS過濾設備及能達到103℃的SS烘乾烤
箱。

3. $\because SVI = \dfrac{30\ 分鐘污泥沉澱率（\%）\times 10^4}{MLSS(mg/L)}$

正常SVI = 50～100

三、廢污水處理程序中，污泥處理的良窳往往影響到廢污水的整體處理成效，
㈠污泥處理程序中，有那些因素會影響到廢污水的處理成效？為什麼？㈡
這些因素若對廢污水的處理成效有負面的效應，則又該如何防止？（20 分）

解答：

(一) 1. 迴流量與排泥量的控制。

2. (1) 迴流量不足時，污泥會流失，使MLSS太低。

(2) 迴流量太大，污泥太多，會造成生物池污泥太多。

(3) 排泥量不足，會造成污泥老化，排太多，又會造成污泥流
失。

(二) 定期作SVI實驗，控制適當的迴流比，一般迴流比為20%～30%。

四、一般廢棄物掩埋場（垃圾場）滲出水均極難處理，尤其是高掩埋齡的則更難處理，因而經常以混凝／膠凝／沉澱程序以輔生物處理程序之不足，請問㈠混凝／膠凝／沉澱程序是在生物處理程序之前或之後對整體處理效益較佳？為什麼？㈡若擬以化學氧化、混凝／膠凝／沉澱、逆滲透膜系統與生物處理系統等方式加以組合成處理程序，請問其流程安排為何？（請以流程圖表示之）為什麼？（30分）

解答：

(一) 混凝／膠凝／沉澱在生物處理之後，因為化學氧化就是要打破廢水中的苯環或雙鍵參鍵，使廢水水質易於生物處理，強調的是要低操作成本的生物處理程序分解掉大部分的污染物，殘留的再以高操作成本的化學混凝系統處理，使化學用藥量較少，污泥產量也比較少。

(二) 化學氧化→生物處理→混凝／膠凝／沉澱→逆滲透膜系統

法規篇

chapter 5

給水、飲用水之相關法規

5-1 自來水法規

第一章 總則

第1條 為策進自來水事業之合理發展，加強其營運之有效管理，以供應充裕而合於衛生之用水，改善國民生活環境，促進工商業發達，特制定本法。本法未規定者，適用其他法律。

第2條 自來水事業之主管機關：在中央為水利主管機關；在直轄市為直轄市政府；在縣（市）為縣（市）政府。

供水區域涉及二個以上行政區域之自來水事業，以其上一級之主管機關為主管機關。

第3條 中央主管機關辦理左列事項：

一、有關自來水事業發展、經營、管理、監督法令之訂定事項。

二、有關全國性自來水事業發展計畫之訂定及監督實施事項。

三、有關直轄市及縣（市）自來水事業之監督及輔導事項。

四、有關供水區域涉及二個以上直轄市、縣（市）之自來水事業規劃及管理事項。

五、有關供水區域之劃定事項。

六、有關跨供水區域供水之輔導事項，以及停止、限制供水之執行標準與相關措施之訂定。

七、其他有關全國性之自來水事業事項。

第4條 直轄市主管機關辦理左列事項：

一、有關直轄市內自來水事業法規之訂定事項。

二、有關直轄市內自來水事業計畫之訂定及實施事項。

三、有關直轄市公營自來水事業之經營管理事項。

四、有關直轄市內公營、民營自來水事業之監督及輔導事項。

五、有關供水區域之核定事項。

六、其他有關直轄市或中央主管機關指定之自來水事業事項。

第5條　縣（市）（局）主管機關辦理左列事項：

一、有關縣（市）（局）內自來水事業單行規章之訂定事項。

二、有關縣（市）（局）自來水事業計劃之訂定及實施事項。

三、有關縣（市）（局）公營自來水事業之經營管理事項。

四、有關鄉鎮公營自來水之監督及輔導事項。

五、有關縣（市）（局）內民營自來水事業之監督及輔導事項。

六、其他有關縣（市）（局）內之自來水事業事項。

第6條　中央及直轄市主管機關為建設管理及監督自來水事業，得專設機構。

第7條　自來水事業為公用事業，以公營為原則，並得准許民營。

第8條　公營之自來水事業為法人，其組織由中央主管機關定之，並應以企業方式經營，以事業發展事業。

第9條　民營之自來水事業應依法組織股份有限公司。

第10條　自來水事業所供應之自來水水質，應以清澈、無

　　　　　色、無臭、無味、酸鹼度適當,不含有超過容許量
　　　　　之化合物、微生物、礦物質及放射性物質為準;其
　　　　　水質標準,由中央主管機關會商中央環境保護及衛
　　　　　生主管機關定之。

第11條　　自來水事業對其水源之保護,除依水利法之規定向
　　　　　水利主管機關申請辦理外,得視事實需要,申請主
　　　　　管機關會商有關機關,劃定公布水質水量保護區,
　　　　　依本法或相關法律規定,禁止或限制左列貽害水質
　　　　　與水量之行為:

一、濫伐林木或濫墾土地。

二、變更河道足以影響水之自淨能力。

三、土石採取或探礦、採礦致污染水源。

四、排放超過規定標準之工礦廢水或家庭污水,或
　　其總量超過目的事業主管機關所訂之標準。

五、污染性工廠。

六、設置垃圾掩埋場或焚化爐、傾倒、施放或棄
　　置垃圾、灰渣、土石、污泥、糞尿、廢油、廢
　　化學品、動物屍骸或其他足以污染水源水質物
　　品。

七、在環境保護主管機關指定公告之重要取水口
　　以上集水區養豬;其他以營利為目的,飼養家
　　禽、家畜。

八、以營利為目的之飼養家畜、家禽。

九、高爾夫球場之興建或擴建。

十、核能或其他能源之開發、放射性廢棄物儲存或
　　處理場所之興建。

十一、其他足以貽害水質、水量,經中央主管機關
　　　會商目的事業主管機關公告之行為。

前項各款之行為，為居民生活或地方公共建設所必
要，且經主管機關核准者，不在此限。

第12條　　前條水質水量保護區域內，原有建築物及土地使
用，經主管機關會商有關機關認為有貽害水質水量
者，得通知所有權人或使用人於一定期間內拆除、
改善或改變使用。其所受之損失，由自來水事業補
償之。

前項補償金額，如雙方不能達成協議時，由主管機
關核定之。

第12-1條　水質水量保護區依都市計畫程序劃定為水源特定區
者，其土地應視限制程度減免土地增值稅、贈與稅
及遺產稅。

前項土地減免賦稅區域及標準，由中央主管機關會
同財政部、內政部及行政院原住民族委員會擬訂，
報請行政院核定。

第12-2條　於水質水量保護區內取用地面水或地下水者，除該
區內非營利之家用及公共給水外，應向中央主管機
關繳交水源保育與回饋費。其為工業用水或公共給
水之公用事業，得報經中央主管機關同意後，於其
公用事業費用外附徵百分之五以上百分之十五以下
之費額。供農業使用者，中央主管機關及中央農業
主管機關應編列預算補助。補助對象及方式之辦
法，由中央主管機關會同中央農業主管機關定之。

前項水源保育與回饋費之徵收項目、對象、計算方
式、費率、徵收方式、繳費流程、繳納期限、繳費
金額不足之追補繳、取用水資源量之計算方法及其
他應遵行事項之收費辦法，由中央主管機關會商有
關機關依水源或用水標的分別定之。

第一項水源保育與回饋費得納入中央主管機關水資源相關基金管理運用，專供水質水量保護區內辦理水資源保育與環境生態保育基礎設施、居民公共福利回饋及受限土地補償之用，其支用項目如下：

一、辦理水資源保育、排水、生態遊憩觀光設施及其他水利設施維護管理事項。

二、辦理居民就業輔導、具公益性之水資源涵養與保育之地方產業輔導、教育獎助學金、醫療健保及電費、非營利之家用自來水水費補貼、與水資源保育有關之地方公共建設等公共福利回饋事項。

三、發放因水質水量保護區之劃設，土地受限制使用之土地所有權人或相關權利人補償金事項。

四、原住民族地區租稅補助事項。

五、供緊急使用之準備金。

六、徵收水源保育與回饋費之相關費用事項。

七、使用水源保育與回饋費之必要執行事項。

八、其他有關居民公益及水資源教育、研究與保育事項。

前項第三款之補償應視土地使用現況、使用面積及受限制程度，發給補償金，並由主管機關與土地所有權人或相關權利人締結行政契約。補償對象以私有土地所有權人或相關權利人為優先，其發放標準及契約範本，由中央主管機關會同行政院原住民族委員會及相關部會定之。其行政契約應明訂所有權人或相關權利人土地容許使用項目、違約處罰方式等。

支用於第三項第一款至第五款、第七款及第八款之經費，由水質水量保護區專戶運用小組依其區內土地面積及居民人口比例，分配運用於區內各鄉（鎮、市、區）。但原住民族鄉應從優考量。

水質水量保護區內非營利之家用自來水水費減半收取，其減收費額由水源保育與回饋費支應。保護區內原住民地區非屬自來水供水系統之簡易供水設施，應加速辦理。

同一鄉（鎮、市、區）公所跨二以上保護區者，其水源保育與回饋費，得經各該保護區之運用小組協調及審議通過後運用之。

第12-3條　水資源相關基金應依各水質水量保護區分別設置專戶，各專戶並設置運用小組管理運用。專戶運用小組成員由相關中央主管機關、水質水量保護區與其用水地區地方主管機關、民意機關代表、居民代表及社會公正人士組成；其設置要點由水資源相關基金管理委員會定之。

涉及原住民族地區之水質水量保護區，其專戶運用小組居民代表成員，應依比例由原住民居民代表擔任；其水源保育與回饋費，應依比例運用於原住民族地區。

本法中華民國九十三年六月三十日修正公布施行前，附徵之水源特定區協助地方建設費用，於水源保育與回饋費徵收前，繼續於水價外附徵；其協助臺北水源特定區地方建設辦法，繼續適用。

水源保育與回饋費徵收後，原依本法附徵之水源特定區協助地方建設費用，納入水源特定區專戶管理運用。

第12-4條　水質水量保護區符合下列情形之一者，其分配之水源保育與回饋費，應繳還中央主管機關水資源相關基金，並由中央主管機關撥交該水質水量保護區所屬縣市、直轄市政府主管機關統籌辦理水資源保育事項：

一、分配至公所年度經費逾五年未執行之餘額。

二、經專戶運用小組同意繳回之經費。

水質水量保護區水源保育與回饋費經專戶運用小組同意，得運用於部分位於水質水量保護區同村（里）之全部行政區域。但以供水資源保育之公共建設事項為限。

第13條　中央主管機關得視自來水之水源分佈、工程建設及社會經濟情形，劃定區域，實施區域供水。

前項經劃定之區域，中央主管機關得因事實需要修正或變更之。

第14條　在劃定之供水區域內，中央主管機關得輔導二個以上自來水事業協議合併經營；如不能獲得協議時，並得以命令行之。

第15條　（刪除）

第16條　本法所稱自來水，係指以水管及其他設施導引供應合於衛生之公共給水。

第17條　本法所稱自來水事業，係指本法規定以經營自來水為目的之事業。

第17-1條　本法所稱簡易自來水事業，係指自行開發水源或經合法取得水權，且自行設置及管理簡易供水處理系統，作為自來水使用之組織團體或事業經營體。

第18條　本法所稱自來水事業負責人，在公營自來水事業，依其事業本身有關法令之規定；在民營自來水事業，依公司法之規定。

第19條　本法所稱自來水事業專營權，係指經主管機關核准，於特定供水區域內，經營自來水事業之權。

第20條　本法所稱自來水設備，包括取水、貯水、導水、淨水、送水、及配水等設備。

第21條　本法所稱自用自來水設備，係指專供自用之自來水設備，其出水量每日在三十立方公尺以上者。

前項之出水量，指自用自來水設備之出水能力而言。

第22條　本法所稱自來水用戶，係指依自來水事業營業章程之規定接用自來水者。

第23條　本法所稱用水設備，係指自來水用戶，因接用自來水所裝設之進水管、量水器、受水管、開關、分水支管、衛生設備之連接水管及水栓、水閥及加壓設施等。

前項加壓設施中屬自來水事業依本法第六十一條規定無法供水者，自來水用戶為接用自來水，於總表後至建築物前所設置之加壓設備、蓄（配）水池、操作室、受水管、開關及水栓等設備，統稱為用戶加壓受水設備。

第二章　自來水事業專營權

第24條　興辦自來水事業者，應依水利法之規定，向水利主管機關申請水權登記，暨與水權、水源有關之水利建造物之建造、改造或拆除之核准。

前項申請，應由自來水事業主管機關核轉之。

第25條　興辦自來水事業者，應於取得水權後一年內，填具申請書，連同工程計畫及經營計畫，申請縣（市）主管機關，轉報中央主管機關核准其自來水事業專營權,發給自來水事業專營權證後,始得開工興建自來水工程;其在直轄市者,向直轄市主管機關申請辦理之。

直轄市主管機關為前項自來水事業專營權之核准,應報請中央主管機關核備。在同一地區內,同時有二個以上之民營自來水事業興辦人,申請自來水事業專營權時,中央或直轄市主管機關得通知各該民營自來水事業興辦人,於一定期間內自行協議,協議不成時,由中央或直轄市主管機關核定之。

第一項工程計畫及經營計畫應載明之事項,分別由中央、直轄市主管機關定之。

第26條　中央或直轄市主管機關駁回自來水事業專營權之申請時,應同時通知水利主管機關撤銷其水權。

第27條　自來水事業專營權證應載明左列事項:

一、自來水事業之名稱及所在地。

二、自來水事業負責人。

三、水權證字號。

四、供水區域。

五、主要供水設備。

六、資本總額。

七、其他應行記載事項。

前項各款記載之內容,非經中央或直轄市主管機關核准不得變更,變更時應換發自來水事業專營權證。

第28條　自來水事業專營權之有效期間為三十年。

第29條　中央主管機關為劃一自來水事業專營權之申請、核准及撤銷,得訂定自來水事業專營權管理規則。

第30條　興辦自來水事業者,於領得自來水事業專營權證後，對於第二十五條第一項工程計畫及經營計畫之實施，遇有左列情形之一時，除有正當理由申請中央或直轄市主管機關核准延期者外，由縣（市）主管機關報請中央主管機關撤銷其自來水事業專營權；其在直轄市者，由直轄市主管機關為之：

一、核定之工程開始日期起，經過三個月尚未開工者。

二、核定之工程完成日期起，經過一年尚未完工者。

三、核定之開始供水日期起，經過三個月尚未供水者。

第31條　興辦自來水事業者，於工程設施完成後，應報請中央主管機關查驗合格，發給自來水事業執照始得營業；其向直轄市主管機關申請興辦自來水事業者，應報請直轄市主管機關查驗合格，發給自來水事業執照始得營業。

依水利法之規定，需向水利主管機關申請核准之有關水權、水源之水利建造物，由水利主管機關查驗之。

第32條　自來水事業於開始營業後，非經中央或直轄市主管機關核准不得歇業；其經核准歇業者，應於核准後三十日內，將其自來水事業營業執照呈繳中央或直轄市主管機關註銷。

第33條　自來水事業之輸送幹管線路，經主管機關核准後，得通過其他自來水事業之供水區域。

第34條　自來水事業除有左列情形之一者外，不得供水於其供水區域以外之地區：

一、經主管機關核准供水與另一自來水事業者。

二、經主管機關特別指定供水與國防事業者。

三、無自來水地方居民申請供水，經主管機關核准供水者。

四、因災變或其他緊急事故，鄰近自來水事業停止供水，一時不及修復，必須緊急暫時供水者。

第35條　自來水事業之移轉，應經中央或直轄市主管機關核准，並換發自來水事業專營權證。

第36條　自來水事業專營權，除移轉外，不得為設定權利之標的。

第37條　（刪除）

第38條　自來水事業專營權有效期間屆滿，公營自來水事業，應於有效期間屆滿之一年前，為繼續經營之申請；民營自來水事業，主管機關得予收歸公營。

但應於有效期間屆滿之二年前通知之。

主管機關對於決定收歸公營之民營自來水事業，得於其專營權有效期間屆滿後，定期先行接管，同時依第四十條之規定協議或評定收購價格。

主管機關未為前項收歸公營之通知，而原自來水事業申請繼續經營時，應核准其繼續經營。

繼續經營自來水事業，其專營權有效期間以十年為一期。

第39條　民營自來水事業於專營權有效期間屆滿後無意繼續經營者，應於有效期間屆滿之二年前申報縣（市）主管機關轉報中央主管機關；其在直轄市者，申報直轄市主管機關。

中央或直轄市主管機關收受前項申報後，應即籌劃收歸公營或公告招商承受經營；其由直轄市主管機關辦理者，並報中央主管機關核備。

第40條　民營自來水事業收歸公營時，其收購價格如雙方不能獲得協議，由政府及民營自來水事業各聘專家二人，再由雙方所聘之專家推定另一專家，組織評價委員會，依照左列方法，評定其價格：

一、依據該自來水事業現有全部資產核實估價。

二、依據該自來水事業創立之投資，及營業期內增置設備，擴充改良，一切資產價額，減去廢棄設備價額、折舊準備及其提存之各種準備金暨用戶公積金之餘額。

前項另一專家人選之推定，不能獲致協議時，雙方所聘之專家應各提二人以上相等人數之專家名單，由政府及民營自來水事業共同申請所在地法院選定之。

第41條　自來水事業管有之不動產及自來水設備，非報經中央或直轄市主管機關核准，不得處分或設定負擔。

違反前項規定者，其處分或設定負擔無效。

第三章　工程及設備

第42條　自來水事業之工程設施標準，分別由中央及直轄市主管機關訂定之。

依水利法之規定，需向水利主管機關申請核准之有關水權、水源之水利建造物，其工程設施標準，由水利主管機關核定之。

第43條　自來水事業應具有左列必要之設備：

一、取水設備應具備集取必須原水水量之能力。

二、貯水設備應具備必要之貯水能力，俾枯水季節，原水無缺。

三、導水設備應設置適當之抽水機、導水管及其他設備，以導送必須之原水。

四、淨水設備應設置適當之沉澱池、過濾池、消毒、水質控制及其他淨水設備。

五、送水設備應設置適當之抽水機、送水管及其他設備，以輸送必須之清水。

六、配水設備應設置適當之配水池、抽水機、配水管及其他配水設備。

第44條　自來水事業對其水源，應經常作有關水質及水量之調查及紀錄。

第45條　自來水事業對於水質之控制，各種自來水設備之操作，及供水之水量、水壓等，均應逐日記錄，以備查考。

第46條　自來水事業應配合公共消防設置救火栓。其設置標準，分別由中央及直轄市主管機關會商消防主管機關定之。

前項設置救火栓所增加之各種費用，由所在地地方政府、鄉鎮（市）公所酌予補助。

第47條　自來水系統之送水及配水管線，不得與其他管線相連接。

第48條　自來水事業為預防供水發生故障，應有適當之備用供水能力，並應採取種種適當措施，儘量減少斷水之可能性與時間。

第49條　自來水事業對各項設備應定期檢驗並記錄檢驗結果。其檢驗辦法，分別由中央及直轄市主管機關訂定之。

第50條　自來水用戶用水設備，應依用水設備標準裝設，並優先採用具省水標章之省水器材，經自來水事業或由自來水事業委託相關專業團體代為施檢合格後，始得供水。

前項用水設備標準及優先採用省水器材辦法，由中央主管機關定之。

第51條　自來水事業因工程上之必要，得洽商有關主管機關使用河川、溝渠、橋樑、涵洞、堤防、道路等，但以不妨礙其原有效用為限。

第52條　自來水事業於其供水區內或直轄市、縣（市）政府於轄區內因自來水工程上之必要，得在公、私有土地下埋設水管或其他設備，工程完畢時，應恢復原狀，並應事先通知土地所有權人或使用人。

第53條　前條使用公、私有土地，應擇其損害最少之處所及方法為之，如有損害，應按損害之程度予以補償。

前項處所、方法選擇及補償如有爭議時，自來水事業、土地所有權人或使用人得報請直轄市、縣（市）主管機關核定之。

前項爭議補償之裁量基準，由中央主管機關定之。

第二項補償核定且償金發放或提存完成後，土地所有權人或使用人不得拒絕自來水事業或直轄市、縣（市）政府之使用。自來水事業並得請求直轄市、縣（市）政府協助使用之。

第54條　自來水事業依第五十一條、第五十二條之規定，埋設於都市計劃區域內公有道路及其預定地之水管或其他設備，因都市計劃之變更，必須遷移或拆除者，自來水事業得請求補償。其補償金額由雙方協議決定，協議不成，由主管機關核定之。

第55條　自來水事業發覺其所供給之水，有礙衛生時，應將使用該水之危險，登載當地報紙，或以其他方法予以公告，並普遍通知關係人，同時應立即改善；如情形嚴重妨害人體健康時，應即報請直轄市或縣（市）主管機關核准停止供水。

凡發覺自來水有礙衛生或妨害人體健康者，應迅即通知該自來水事業予以處理。

第56條　自來水事業工程之規劃、設計、監造及鑑定，在中央主管機關指定規模以上者，應經依法登記執業之水利技師或相關專業技師簽證。但政府機關或公營自來水事業機構起造之自來水事業工程，得由該機關或機構內依法取得水利技師或相關專業技師證書者辦理。

前項相關專業技師之科別，由中央主管機關會商中央技師主管機關公告之。

第57條　自來水事業所聘僱之總工程師、工程師，均以登記合格之工程技師為限。

其他施工、管理、化驗、操作等人員，應具有專科之技術，並經考驗合格。

前項考驗辦法由中央主管機關訂定之。

第四章　營業

第58條　自來水事業應訂定營業章程，報經主管機關核准後公告實施，修改時亦同。供水條件及自來水事業與用戶雙方應遵守事項，需於前項營業章程內訂明。

第59條　自來水價之訂定，應考量自來水供應品質，以水費收入抵償其所需成本，並獲得合理之利潤；其計算公式及詳細項目，由主管機關訂定；其由直轄市或縣（市）主管機關訂定者，應報請中央主管機關核定之。

自來水事業依前項規定擬定水價詳細項目或調整水

費，應申請主管核定之；其由直轄市或縣（市）主管機關核定者，應報中央主管機關備查。

用戶使用度數較上年度同期比較如負成長，自來水事業體得視營業收支盈虧狀況，給予費用折扣，其辦法，由主管機關會同自來水事業訂定。

第一項合理利潤，應以投資之公平價值，並參酌當地通行利率、利潤訂定。

第60條　中央主管機關應成立水價評議委員會，委員會由政府機關、學者專家、消費者團體等各界公正人士組成，負責水費之調整，其組織規程由中央主管機關定之。

第60-1條　為維持國民生計基本需求，中央主管機關應訂定國民基本生活用水量，並鼓勵民間參與省水技術研發，其獎勵辦法由中央主管機關定之。

第61條　自來水事業在其供水區域內，對於申請供水者，非有正當理由，不得拒絕。

無自來水地區居民，申請自來水供水之用戶設備外線費用，得由政府逐年編列預算補助，並應優先補助低收入戶；其施設簡易自來水者，亦同。

前項補助辦法，由中央主管機關定之。

第一項申請供水者，對拒絕供水如有異議，得申請主管機關核定之。

第61-1條　第二十三條規定之用戶加壓受水設備所使用之私有土地應由用戶取得該私有土地之所有權或地上權，始得供水。

用戶加壓受水設備所使用土地為公有土地，應取得公有土地管理機關使用許可或同意書。

用戶加壓受水設備所使用土地為既成計畫道路，經道路主管機關許可挖掘埋設者，用戶得免取得所有權或設定地上權，並得為必要之維護與更新。

用戶加壓受水設備所使用之土地非屬用戶所有，但自自來水事業供水日起，使用年限已達十年以上者，其用戶就該等土地視為有地上權存在，得於直轄市、縣（市）主管機關同意，並保證工程完畢後恢復原狀下，在取得土地所有權前為必要之維護與更新。

用戶使用他人私有或公有土地，應擇其損害最少之處所及方法為之，並予以補償。

前項處所、方法選擇及補償如有爭議時，用戶、土地所有權人或使用人得報請直轄市、縣（市）主管機關核定之。

第五項補償之核定，得適用第五十三條第三項之裁量基準。

第一項加壓受水設備委託自來水事業代管者，自來水事業得計收工程改善費、操作維護費及其他一切必要之費用，其標準由自來水事業訂定，報請主管機關備查。

第62條　自來水事業對自來水用戶應經常供水，如因災害、緊急措施或工程施工而停止全部或一部供水時，應將停水區域及時間事先通告周知，並呈報所在地主管機關核備；但停止供水事故係臨時發生者，得於事後補報。其有特殊情形必須連續停水達十二小時以上或定時供水者，應先申請所在地主管機關核准，並公告周知。

自來水用戶對於前項停止供水，不得要求任何損失賠償。

第63條　　自來水事業向自來水用戶收取水費，應儘量裝置量水器，以度數計算，每一立方公尺水量為一度，並得呈經主管機關核准後規定每月用水底度。

自來水事業裝置前項量水器，得向用戶酌收使用費。

第64條　　自來水事業向未裝量水器之自來水用戶收取水費，得申請主管機關核准以其他方法計算，並得規定每月最低費額。

第65條　　自來水事業為因應尚未埋設幹管地區個別自來水用戶供水需要，需增加或新裝配水幹管時，得按其成本向個別用戶收取二分之一以下之補助費。

第66條　　自來水事業依第三十四條第三款之情形供水時，得報請主管機關核准加收水費。

第67條　　自來水事業對消防用水，不得收取水費。對其他有關市政之公共用水，應予以優待；其優待辦法由所在地主管機關訂定之。

第68條　　自來水事業得派其穿著制服之從業人員，隨帶身分證明文件，於白晝檢查自來水用戶之用水設備，查錄用水量或收取水費，自來水用戶非有正當理由不得拒絕。

第69條　　自來水事業對竊水或違章用水，需實施檢查及處理時，除得依前條規定辦理外，並得隨時報請所在地憲警機關協助辦理。

第70條　　自來水事業因左列情形之一，得對自來水用戶停止供水：

一、有竊水行為，證據確實者。

二、用水設備或其裝置方式經檢驗不合規定，在指定期間未經改善者。

三、無正當理由拒絕第六十八條、第六十九條之檢查者。

四、欠繳應付各費逾期二個月，經限期催繳仍不清付者。

五、拒絕裝設量水器者。

六、有違反第四十七條之情事，經通知改正，延不辦理者。

自來水事業應於前項各款停水原因消滅時恢復供水。

第71條　自來水事業對於竊水者，依其所裝之用水設備及按自來水事業之供水時間暨當地供水狀況，追償三個月以上一年以下之水費。

第72條　自來水用戶對其用水設備、量水器失效或不準確，或水質不清潔時，得請求自來水事業派員檢校。

前項檢校結果，除因量水器失效或不準確或水質不清潔外，得酌收檢校費用。

第五章　自用自來水設備

第73條　凡設置自用自來水設備者，應於開工前檢具申請書、工程計劃書向所在地主管機關申請核准登記後，始得施工。

本法施行前已設置之自用自來水設備，應於本法施行日起六個月內補辦核准登記。

第74條　自用自來水設備於工程完成後，應報請所在地主管機關查驗，並核轉水利主管機關查驗有關水權、水源之水利建造物合格，發給自用自來水設備登記證，始得供水。

第75條　自用自來水設備登記之主要事項如有變更時，其所有人應於變更一個月內，向所在地主管機關辦理變更登記。

第76條　自用自來水設備除因災變或緊急事故為緊急之供水外，如有餘水，經所在地主管機關核定，得供應左列用途：

一、當地尚無自來水，應居民之申請作暫時之供水。

二、售與當地自來水事業轉為供水。

第77條　自用自來水設備供應之自來水，其水質應合於本法第十條之規定。

第78條　自用自來水設備所有人，應指定管理人；未經指定者，以該所有人為管理人。

第79條　本法第四十七條、第五十一條、第五十六條、第八十六條，於自用自來水設備適用之。

第六章　監督與輔導

第80條　未依本法之規定申請核准，擅自興建自來水工程或經營自來水事業者，主管機關應勒令其停止或停業。

第81條　自來水事業各級負責人及依第五十七條應具備特定資格之人員，應於就任或解任日起十五日內層報主管機關備查。

第82條　自來水事業辦理不善時，主管機關得限期令其改善；逾期不改善者，得擬具監理計劃報請上級主管機關核准後監督其業務，並予整頓，繼續供水。

前項監理之自來水事業，在整頓完善後停止其監理。

第83條　自來水事業拒絕監理整頓，或於監理期間未能合作，致使監理計劃無法實施時，主管機關得視同申報無意經營，依本法第三十九條之規定辦理之。

第84條　自來水水質不合標準時，主管機關應令自來水事業改善；其情況嚴重者，應令其暫停供水。

第85條　自來水事業之主要設備有不合規定者，主管機關應限期令其修理或更換；如有發生危險之虞者，並應令其停止使用。

第86條　主管機關得檢查自來水事業之各種設施、水質、水量、水壓器材及帳目文件，並索取各項有關資料與紀錄。

水利主管機關依水利法之規定，對於自來水事業有關水權、水源之水利建造物，得隨時予以查驗，自來水事業不得拒絕。

第87條　自來水事業應向主管機關編造月報及年報。

前項報告格式及編送辦法，由中央主管機關訂定之。

第88條　自來水事業擴充、更換或拆除其主要設備時，應備具詳細計劃圖說報請主管機關核准。其有關水利法所規定之有關水權、水源之水利建造物，並由主管機關核轉水利主管機關核准之。

第89條　自來水事業發行債券或增減資本，除依其他有關法律規定外，應層報中央主管機關核准。

第90條　自來水事業於法令核定之營業規則外，不得向自來水用戶增收任何費用；如有違反時，主管機關應勒令其將超收費用退還用戶。

第91條　主管機關為促進公共衛生，保障人民安全，得令在供水區域內之工廠、餐館、旅社及其他公共場所接用自來水。

第92條　主管機關發現有違反第四十七條所規定之情事，得勒令改正或強制拆除。

第93條　自來水管承裝商應向所在地直轄市或縣（市）政府申請許可並加入相關水管工程工業同業公會始得營業。自來水管承裝商之技工，應經考驗及格給予證書始得工作。

自來水用戶用水設備之量水器後至水栓間裝設工程，向自來水事業申請供水時，應檢附相關水管工程工業同業公會核發之申請供水會員會籍證明單。但由自來水事業裝設、由自來水事業委託裝設或離島地區無公會單位者，不在此限。

自來水管承裝商技工考驗辦法，由中央主管機關訂定之。

第93-1條　自來水管承裝商登記證應懸掛於營業處所明顯易見之處，所領承辦工程手冊專供工程單位驗證之需。

自來水管承裝商承辦工程所用之材料，其規格應符合規定。

自來水管承裝商違反前二項規定者，原登記直轄市或縣（市）政府應予警告處分。

第93-2條　自來水管承裝商有左列情事之一者，原登記直轄市或縣（市）政府應予六個月以上二年以下停業處分：

一、違反前條規定，一年內受警告處分三次以上者。

二、違反承裝商分類資格規定承辦工程或未依分類資格規定聘雇專任技術員或技工者。

三、未依第九十三條之六所定管理辦法之規定，辦理申請變更事項者。

四、施工或經營管理事項，違反第九十三條之六
　　所定管理辦法有關施工計畫之規定，情節重大
　　者。

第93-3條　自來水管承裝商有左列情事之一者，直轄市或縣
　　　　　（市）主管機關應廢止其營業許可：

一、喪失營業能力或停業超過二年，未依限申請復
　　業者。

二、受停業處分，未在規定期限內將許可證書、承
　　辦工程手冊或技術員工工作證繳還，經限期催
　　繳，屆期仍不繳還者。

三、二年內受停業處分二次以上及受停業處分累積
　　達三年者。

四、出售或轉借營業許可證書或頂替使用者。

五、有圍標情事者。

經依前項規定廢止許可者，三年內不得再行依第
九十三條第一項規定申請許可。

第93-4條　自來水管承裝技術員工於施工時，未隨身攜帶工作
　　　　　證者，原登記直轄市或縣（市）政府應予警告處
　　　　　分。

第93-5條　自來水管承裝技術員工，經受警告處分三次以上、
　　　　　將工作證塗改或交付他人使用者，原登記直轄市或
　　　　　縣（市）政府應予停止工作二個月以上六個月以下
　　　　　之處分。

自來水管承裝技術員工受停止工作處分二次以上
者，主管機關應廢止其工作證，並於一年內不得受
自來水管承裝商僱用。

第93-6條　自來水管承裝商許可之資格、條件、申請程序及其
　　　　　分類、施工計畫與所屬技術員工之聘用、資格及其

他應遵行事項，其管理辦法，由中央主管機關定之。

第94條　自來水事業因不可抗力遭受重大損害時，為求迅速恢復供水，得向中央或地方政府請求撥借材料或貸款。

第95條　自來水事業之一切設備，地方政府及軍憲警人員，有隨時保護之責。

第七章　罰則

第96條　在水質、水量保護區域內，妨害水量之涵養、流通或染污水質，經制止不理者，處一年以下有期徒刑、拘役或五百元以下罰金。

第97條　毀損自來水事業之主要設備，或以其他行為使主要設備之機能發生障礙因而不能供水者，處五年以下有期徒刑。

未經自來水事業許可，擅自啟動自來水設備，致妨礙供水者，處三百元以上一千元以下罰鍰。

因過失犯第一項之罪者，處六個月以下有期徒刑、拘役或五百元以下罰金。

第98條　有左列行為之一者為竊水，處五年以下有期徒刑、拘役或五百元以下罰金：

一、未經自來水事業許可，在自來水事業供水管線上取水者。

二、繞越所裝量水器私接水管者。

三、毀損或改變量水器之構造，或用其他方法致量水器失效或不準確者。

四、未經自來水事業許可，擅自開啟消火栓取用自來水者。但因消防需要而開啟不在此限。

第99條　　未依本法之規定申請核准，擅自興建自來水工程，或經營自來水事業者，處一千元以上三千元以下罰鍰。

第100條　　違反第四十七條之規定，經主管機關或自來水事業通知限期改正仍不遵辦者，處一千元以下罰鍰。

第101條　　自來水事業所供應之水，不合第十條規定標準者，處一千元以下罰鍰。

　　　　　　自來水事業之負責人或其代理人或職司水質清潔之受僱人，明知自來水事業所供應之水，不合第十條規定標準而仍繼續供應，致引起疾病災害者，處五年以下有期徒刑。

　　　　　　因過失供應不合第十條規定標準之水，致引起疫病災害者，處二年以下有期徒刑、拘役或五百元以上一千元以下罰金。

第102條　　自來水事業違反第三十二條、第三十九條或第六十二條之規定，擅自停業或停止供水者，處二千元以上六千元以下罰鍰。

　　　　　　自來水事業之負責人或其代理人或受僱人，因故意違反第三十二條、第六十二條規定而停止供水，致生公共危險或引起災害者，處五年以下有期徒刑。其因過失停止供水致發生公共危險或引起災害者，處二年以下有期徒刑拘役或二千元以下罰金。

第103條　　自來水事業不遵守主管機關依第八十五條所發之命令者，處三千元以下罰鍰。

第104條　　自來水事業於法令核定之營業規則外，向用戶收取任何費用者，處其超收總額三倍之罰鍰。

　　　　　　自來水事業不依核定之水費或各種收費率或用水底度，向用戶增收費用者，處其增收總額三倍之罰鍰。

第105條　自來水事業有左列情形之一者，處三千元以下罰鍰：

一、違反第三十一條規定，擅自營業者。

二、違反第三十三條規定，侵害其他自來水事業之專營權者。

三、違反第三十四條規定，擅自供水於其供水區域以外之地區者。

四、違反第三十五條規定，擅自移轉自來水事業專營權者。

五、違反第四十一條規定，將不動產或自來水設備擅自處分或設定負擔者。

第106條　自來水事業有左列情形之一者，處五百元以下罰鍰：

一、違反第二十七條第二項之規定者。

二、不依第五十七條第一項之規定，聘僱人員者。

三、違反第六十一條第一項之規定，拒絕供水者。

四、不依第八十一條之規定，申報備查者。

五、違反第八十六條之規定，拒絕檢查者。

六、不依第八十七條之規定申報者。

七、違反第八十八條之規定，擅自辦理者。

設置自用自來水設備之人，違反第七十三條至第七十五條之規定者，依前項規定處罰。

第107條　違反第九十三條第一項規定承辦自來水管承裝工程者，或自來水管承裝商經依第九十三條之三之規定，廢止其營業許可者，除由主管機關勒令停業外，處五百元以下罰鍰。

自來水管承裝商經依第九十三條之二第二款之規

定，處以停業處分者，並處三百元以下罰鍰。

第108條　不具承裝自來水管技術員工之資格，受僱自來水承
裝商或經依第九十三條之五第二項之規定廢止其
工作證者，除禁止其從事承裝自來水管工作外，處
一百元以下罰鍰。

第109條　依本法規定所處之罰鍰，如有抗不繳納者，移送法
院強制執行之。

第八章　附則

第110條　每日供水量在三千立方公尺以下之簡易自來水事
業，得不適用第九條、第四十三條、第四十六條及
第五十九條之規定，由直轄市或縣（市）主管機關
另行訂定自治法規管理之。

前項每日供水量在三百立方公尺以下之簡易自來水
事業，得不適用第五十七條之規定。

前二項簡易自來水事業得由所有權人或管理委員會
代表人申請自來水事業同意後，由自來水事業代管
或接管其供水系統。

第110-1條　自來水事業對於代管簡易自來水事業得酌收代管期
間之操作維護費用及其他一切必要之費用，其費用
由自來水事業訂定，報請主管機關備查。

簡易自來水事業之所有權人或管理委員會於代管期
間應將其供水系統設備、廠房、水權狀等列冊無償
移交自來水事業使用管理。

前項簡易自來水事業如為接管者，其所有權人或管
理委員會應將其供水系統設備、廠房等之所有權列
冊無償點交使用。

前二項簡易自來水事業設備等所使用之土地，若使

　　　　　用年限已達十年以上者，免辦理地上權或所有權移轉登記。自來水事業可無償使用，並視為有地上權。

　　　　　本法於中華民國九十六年一月五日修正後，新建每日供水量在一百立方公尺以上之簡易自來水事業，於已有埋設幹管地區，應申請自來水事業代管或接管，並納入供水系統後，始得供水。

第111條　本法施行前已經營之自來水事業，與本法之規定不符者，應於本法施行後一年內依本法之規定辦理之。

第112條　本法施行細則，由中央主管機關定之。

第113條　本法自公布日施行。

5-2　自來水水質標準

第1條　　本標準依自來水法第十條規定訂定之。

第2條　　本標準用詞定義如下：

　　　　一、大腸桿菌群：指能分解乳糖，格蘭姆染色陰性，無芽胞之桿菌，或以膜濾法培養，產生金屬光澤之深色菌落。

　　　　二、大腸桿菌群密度：指以多管醱酵法一百毫升水樣中所存在之大腸桿菌群最大可能數值（以下簡稱最大可能數（MPN）），或以膜濾法時一百毫升水樣在濾膜上所實際產生之菌落數值。

　　　　三、陶姆斯（H.A.Thomas,Jr）公式：
　　　　　　最大可能數等於醱酵為正值之管數乘以一百

後，除以醱酵數為負值之水樣與接種之全部水樣相乘後開根號之值。

四、多管醱酵法：指以不同容積或以不同稀釋度之細菌水樣（稀釋水樣之稀釋水需經滅菌）核定大腸桿菌群存否及密度之方法。

五、膜濾法：指以特製過濾介質，核定大腸桿菌群存否及密度之方法。

六、總菌落數：指一毫升水樣在標準平板培養基上，實際產生之菌落數。

七、細菌水樣：指專供檢驗細菌之取樣容器所採取之水樣。

八、有效餘氯：指水經加氯或氯化合物作消毒處理後，仍存在之有效剩餘氯量。

九、自由有效餘氯：指以次氯酸或次氯酸根離子存在之有效餘氯。

十、結合有效餘氯：指以氯胺、二氯胺存在之有效餘氯。

十一、總三鹵甲烷：指水中之氯仿、溴化二氯甲烷、二溴化氯甲烷、溴仿等四種三鹵甲烷之總和。

第3條　自來水水質細菌最大容許量如下：

一、大腸桿菌群密度月平均值為一・〇。

二、單一細菌水樣大腸桿菌群密度為六・〇。

三、單一細菌水樣總菌落數為一〇〇。

第4條　自來水水質濁度、色度、臭度及味最大容許量如下：

一、濁度：

(一)水源濁度在五〇〇濁度單位（NTU）以

下：四個濁度單位（NTU）。

(二)水源濁度超過五○○濁度單位（NTU）至一五○○濁度單位（NTU）：十個濁度單位（NTU）。

(三)水源濁度超過一五○○濁度單位（NTU）：三十個濁度單位（NTU）。

二、色度：十五鉑鈷單位。

三、臭度：初嗅數三。

四、味：無異常。

前項水質檢驗，應每週取樣一次以上。

第5條　自來水水質化學性物質最大容許量或容許範圍如下：

一、鉛（Pb）：○·○五毫克／公升。

二、硒（Se）：○·○五毫克／公升。

三、砷（As）：○·○五毫克／公升。

四、鉻（Cr）：○·○五毫克／公升。

五、鎘（Cd）：○·○○五毫克／公升。

六、銀（Ag）：○·○五毫克／公升。

七、汞（Hg）：○·○○二毫克／公升。

八、鐵（Fe）：○·三毫克／公升。

九、錳（Mn）：○·○五毫克／公升。

十、銅（Cu）：一·○毫克／公升。

十一、鋅（Zn）：五·○毫克／公升。

十二、氰鹽（CN^{-1}）：○·○五毫克／公升。

十三、氟鹽（F^{-1}）：○·八毫克／公升。

十四、氯鹽（Cl^{-1}）：二五○毫克／公升。

十五、硫酸鹽（SO_4^{-2}）：二五○毫克／公升。

十六、氨氮（NH_3-N）：○·五毫克／公升。

十七、亞硝酸鹽氮（NO₂⁻-N）：○・一毫克／公升。

十八、硝酸鹽氮：（NO₃⁻-N）：一○・○毫克／公升。

十九、總三鹵甲烷（年平均值表示）：○・一五毫克／公升。

二十、總溶解固體量：八○○毫克／公升。

二十一、酚類：○・○○一毫克／公升。

二十二、陰離子界面活性劑（MBAS）：○・五毫克／公升。

二十三、總硬度（CaCO₃）：四○○毫克／公升。

二十四、自由有效餘氯：○・二至一・五毫克／公升。

二十五、氫離子濃度指數（pH）：六・○至八・五。

二十六、農藥。

　　　　(一)有機磷劑（巴拉松Parathion、大利松Diazinon、達馬松Methamidophos、亞素靈Monocrotophos、一品松EPN）加氨基甲酸鹽（滅必蝨Isoprocarb、加保扶Carbofuran、納乃得Methomyl）：○・○五毫克／公升。

　　　　(二)靈丹（Lindane）：○・○○○二毫克／公升。

　　　　(三)安殺番（Endosulfan）：○・○○三毫克／公升。

　　　　(四)除草劑：

　　　　　　1.丁基拉草（Butachlor）：○・○二毫

克／公升。

　　2.巴拉刈（Paraquat）：○‧○一毫克／公升。

　　3.2-4地（2,4-D）：○‧○七毫克／公升。

　　(五)其他有害水質之農藥，其容許量由中央主管機關訂定並公告之。

第6條　　自來水水質放射性標準，依游離輻射防護安全標準之規定辦理。

第7條　　自來水水質細菌之檢驗，應自送配水系統上採取代表性水樣，每月最少取樣數按供水人口計算如下：

　　一、二千五百人以下者，一件。

　　二、逾二千五百人至一萬人者，五件。

　　三、逾一萬人至二萬五千人者，十五件。

　　四、逾二萬五千人至五萬人者，二十件。

　　五、逾五萬人至十萬人者，三十件。

　　六、逾十萬人至二十五萬人者，四十五件。

　　七、逾二十五萬人至五十萬人者，六十五件。

　　八、逾五十萬人至一百萬人者，八十件。

　　九、逾一百萬人者，一百件。

　　前項檢驗過程中或檢驗後，發現大腸桿菌群或總菌落數，超過最大容許量時，應即在該取樣點連續採取水樣。

第8條　　自來水水質化學性物質之檢驗，每季取樣一次；遇特殊情況，應增加取樣頻率。但第五條第一款至第七款、第十二款、第十三款、第十六款至第十九款或第二十六款取樣數如連續三年檢測值未超過最大容許量或容許範圍者，自次年起取樣頻率得改為每年一次。

第9條　自來水水質檢驗方法,由中央主管機關另訂公告之。

第10條　本標準自發布日施行。

5-3 飲用水管理條例

第一章　總則

第1條　為確保飲用水水源水質,提昇公眾飲用水品質,維護國民健康,特制定本條例;本條例未規定者,適用其他有關法令之規定。

第2條　本條例所稱主管機關:在中央為行政院環境保護署;在直轄市為直轄市政府;在縣（市）為縣（市）政府。

本條例所稱飲用水,指供人飲用之水;其種類如下:

一、自來水:指依自來水法以水管及其他設施導引供應合於衛生之公共給水。

二、社區自設公共給水設備供應之水。

三、經連續供水固定設備處理後供應之水。

四、其他經中央主管機關指定之水。

飲用水之水源如下:

一、地面水體:指存在於河川、湖潭、水庫、池塘或其他體系內全部或部分之水。

二、地下水體:指存在於地下水層之水。

三、其他經中央主管機關指定之水體。

本條例所稱飲用水設備，指依自來水法規定之設備、社區自設公共給水設備、公私場所供公眾飲用之連續供水固定設備及其他經中央主管機關指定公告之設備。

第二章　水源管理

第5條　在飲用水水源水質保護區或飲用水取水口一定距離內之地區，不得有污染水源水質之行為。

前項污染水源水質之行為係指：

一、非法砍伐林木或開墾土地。

二、工業區之開發或污染性工廠之設立。

三、核能及其他能源之開發及放射性核廢料儲存或處理場所之興建。

四、傾倒、施放或棄置垃圾、灰渣、土石、污泥、糞尿、廢油、廢化學品、動物屍骸或其他足以污染水源水質之物品。

五、以營利為目的之飼養家畜、家禽。

六、新社區之開發。但原住民部落因人口自然增加形成之社區，不在此限。

七、高爾夫球場之興、修建或擴建。

八、土石採取及探礦、採礦。

九、規模及範圍達應實施環境影響評估之鐵路、大眾捷運系統、港灣及機場之開發。

十、河道變更足以影響水質自淨能力，且未經主管機關及目的事業主管機關同意者。

十一、道路及運動場地之開發，未經主管機關及目的事業主管機關同意者。

十二、其他經中央主管機關公告禁止之行為。

前項第一款至第九款及第十二款之行為，為居民生活所必要，且經主管機關核准者，不在此限。

第一項飲用水水源水質保護區之範圍及飲用水取水口之一定距離，由直轄市、縣（市）主管機關擬訂，報請中央主管機關核定後公告之。其涉及二直轄市、縣（市）以上者，由中央主管機關訂定公告之。

飲用水水源水質保護區及飲用水取水口一定距離內之地區，於公告後原有建築物及土地使用，經主管機關會商有關機關認為有污染水源水質者，得通知所有權人或使用人於一定期間內拆除、改善或改變使用。其所受之損失，由自來水事業或相關事業補償之。

第6條　　第三條第二項各款所定水體符合飲用水水源水質標準者，始得作為飲用水之水源。但提出飲用水水源水質或淨水處理改善計畫，向中央主管機關申請核准者，不在此限；其申請提出改善計畫之資格、計畫內容、應檢附之書件、程序、監測、應變措施、核准條件、駁回、補正及其他應遵行事項之準則，由中央主管機關定之。

前項飲用水水源之水質標準，由中央主管機關定之。

第三章　設備管理

第7條　　自來水有關之設備管理，依自來水法之規定。

第8條　　經中央主管機關公告之公私場所，設有供公眾飲用之連續供水固定設備者，應向直轄市、縣（市）主管機關申請登記，始得使用；其申請登記、變更登

記、有效期限與展延及其他應遵行事項之辦法,由
中央主管機關定之。

第9條　公私場所設置供公眾飲用之連續供水固定設備者,
應依規定維護,並作成維護紀錄,紀錄應予揭示,
並保存供主管機關查驗;其維護方法、頻率、紀錄
之製作方式、揭示、保存期限及其他應遵行事項之
辦法,由中央主管機關定之。

第10條　經中央主管機關指定公告之飲用水設備,應符合國
家標準;無國家標準者,由中央主管機關公告其標
準。

第四章　水質管理

第11條　飲用水水質,應符合飲用水水質標準。
前項飲用水水質標準,由中央主管機關定之。

第12條　公私場所設置供公眾飲用之連續供水固定設備者,
應依規定採樣、檢驗水質狀況,並作成紀錄揭示、
備查;其水質檢測項目、頻率、紀錄之製作方式、
揭示、保存期限、設備抽驗方式及其他應遵行事項
之辦法,由中央主管機關定之。
前項所定飲用水水質狀況之採樣及檢驗測定,由取
得中央主管機關核發許可證之環境檢驗測定機構辦
理。

第12-1條　檢驗測定機構應取得中央主管機關核給之許可證
後,始得辦理本法規定之檢驗測定。
前項檢驗測定機構應具備之條件、設施、許可證之
申請、審查程序、核(換)發、撤銷、廢止、停
業、復業、查核、評鑑程序及其他應遵行事項之管
理辦法,由中央主管機關定之。

飲用水水源水質、飲用水水質及飲用水水質處理藥劑之檢測方式及品質管制事項，由中央主管機關定之。

第13條 飲用水水質處理所使用之藥劑，以經中央主管機關公告者為限。

前項公告之藥劑，供水單位得向中央主管機關申請公告為飲用水水質處理藥劑；其申請資格、應檢附之書件、程序、核准條件、駁回、補正及其他應遵行事項之準則，由中央主管機關定之。

第14條 各級主管機關應選定地點，定期採樣檢驗，整理分析，並依據檢驗結果，採取適當措施。經證明有危害人體健康之虞者，應即公告禁止飲用。

前項採樣地點、檢驗結果及採取之措施，直轄市、縣（市）主管機關應向中央主管機關報告。

第14-1條 因天災或其他不可抗力事由，造成飲用水水源水質惡化時，自來水、簡易自來水或社區自設公共給水之供水單位應於事實發生後，立即採取應變措施及加強飲用水水質檢驗，並應透過報紙、電視、電台、沿街廣播、張貼公告或其他方式，迅即通知民眾水質狀況及因應措施。

第15條 各級主管機關得派員並提示有關執行職務上證明文件或顯示足資辨別之標誌，進入公私場所檢查飲用水水源水質、飲用水水質、連續供水固定設備、飲用水水質處理藥劑或採取有關樣品、索取有關資料，公私場所之所有人、使用人或管理人，不得規避、妨礙或拒絕。

第15-1條 依第二十一條或第二十四條規定經禁止作為飲用水水源或供飲用者，該取水或供水單位於原因消失後，應由非其所屬且取得中央主管機關核發許可證之環境檢驗測定機構，對於水質不合格項目辦理採樣，並以同一水樣送檢後，檢具符合標準之檢驗測定報告，報處分機關核准後，始得恢復作為飲用水水源或供飲用。

第五章　罰則

第16條　有下列情形之一者，處一年以下有期徒刑、拘役，得併科新臺幣六萬元以下罰金：

一、違反第五條第一項規定，經依第二十條規定通知禁止為該行為而不遵行。

二、違反第六條第一項規定，經依第二十一條規定通知禁止作為飲用水水源而不遵行。

三、違反第十一條第一項規定，經依第二十四條規定通知禁止供飲用而不遵行。

犯前項之罪因而致人於死者，處七年以下有期徒刑，得併科新臺幣三十萬元以下罰金。致重傷者，處五年以下有期徒刑，得併科新臺幣十五萬元以下罰金。

第17條　（刪除）

第18條　違反第十三條規定者，處一年以下有期徒刑、拘役或科或併科新臺幣六萬元以下罰金。

第19條　法人之代表人、法人或自然人之代理人、受雇人或其他從業人員，因執行業務犯第十六條或前條規定之罪者，除依各該條規定處罰其行為人外，對該法人或自然人亦科以各該條之罰金。

第20條　違反第五條第一項規定者，處新臺幣十萬元以上一百萬元以下罰鍰，並通知禁止該行為。

第21條　違反第六條第一項規定者，處新臺幣六萬元以上六十萬元以下罰鍰，並通知禁止作為飲用水水源。

第22條　違反第八條規定者，處新臺幣一萬元以上十萬元以下罰鍰，並通知限期補正，屆期仍未補正者，按次處罰。

第23條　公私場所設置供公眾飲用之連續供水固定設備者，有下列情形之一，處新臺幣一萬元以上十萬元以下罰鍰，並通知限期改善；屆期仍未完成改善者，按次處罰：

　　　　一、未依第九條規定維護連續供水固定設備、作成維護紀錄、揭示或保存，或違反依同條所定辦法中有關維護方法、維護頻率、紀錄製作、紀錄揭示及保存期限之管理規定。

　　　　二、未依第十二條第一項規定採樣、檢驗或揭示水質狀況、未作成水質狀況紀錄或未揭示，或違反依同項所定辦法中有關水質檢測項目、檢測頻率、設備抽驗方式、紀錄製作、紀錄揭示及保存期限之管理規定。

第24條　飲用水水質違反第十一條第一項規定者，處新臺幣六萬元以上六十萬元以下罰鍰，並通知限期改善，屆期仍未完成改善者，按日連續處罰；情節重大者，禁止供飲用。

第24-1條　違反第十二條之一第二項所定辦法者，處新臺幣五萬元以上五十萬元以下罰鍰，並通知限期改善；屆期仍未完成改善者，按日連續處罰；情節重大者，得命其停業，必要時，並得廢止其許可證。

第24-2條　公私場所未於依第二十二條、第二十三條、第二十四條或第二十四條之一所為通知限期改善、申

　　　　　　　報或補正期限屆滿前，檢具符合飲用水水質標準或其他規定之證明文件，向主管機關報請查驗者，視為未完成改善。

　　　　　　　前項符合飲用水水質標準之證明文件，如為經中央主管機關核給許可證之環境檢驗測定機構所出具之檢驗報告者，主管機關得免水質採樣及檢驗。

第24-3條　本條例所稱按日連續處罰，其起算日、暫停日、停止日、改善完成認定查驗及其他應遵行之事項，由中央主管機關定之。

第25條　　規避、妨礙或拒絕依第十五條規定之查驗或提供樣品、資料，或提供不實之樣品、資料者，處新臺幣三萬元以上三十萬元以下罰鍰，並得按次處罰及強制執行查驗。

第25-1條　依本條例通知限期改善者，其改善措施及工程計畫，因天災或其他不可抗力事由，致不能於期限內完成改善者，應於其原因消滅後繼續進行改善，並於原因消滅後十日內以書面敘明理由，檢具有關證明文件，向原核定機關申請重新核定改善期限。

第26條　　本條例所定之處罰，除本條例另有規定外，在中央由行政院環境保護署為之，在直轄市由直轄市政府為之，在縣（市）由縣（市）政府為之。

第27條　　（刪除）

第六章　附則

第28條　　供販賣之包裝或盛裝之飲用水，其水源之水質管理，依本條例之規定；其容器、包裝與製造過程之衛生、標示、廣告及水質之查驗，依食品衛生管理法之規定。

第29條　　依第八條規定公告之公私場所，其於公告前已設置連續供水固定設備者，應自公告之日起六個月內依第八條規定申請登記。

第30條　　本條例施行細則，由中央主管機關定之。

第31條　　本條例自公布日施行。

5-4　飲用水水質標準

第1條　　本標準依飲用水管理條例（以下簡稱本條例）第十一條第二項規定訂定之。

第2條　　本標準適用於本條例第四條所定飲用水設備供應之飲用水及其他經中央主管機關指定之飲用水。

第3條　　本標準規定如下：

一、細菌性標準：（總菌落數採樣地點限於有消毒系統之水廠配水管網）

項目	最大限值	單位
1.大腸桿菌群 （Coliform Group）	六（多管發酵酵法）	MPN／一○○毫升
	六（濾膜法）	CFU／一○○毫升
2.總菌落數 （Total Bacterial Count）	一○○	CFU／毫升

二、物理性標準：

項目	最大限值	單位
1.臭度（Odour）	三	初嗅數
2.濁度（Turbidity）	二	NTU
3.色度（Colour）	五	鉑鈷單位

三、化學性標準：

(一)影響健康物質：

項目	最大限值	單位
1.砷（Arsenic）	○・○一	毫克／公升
2.鉛（Lead）	○・○一	毫克／公升
3.硒（Selenium）	○・○一	毫克／公升
4.鉻（總鉻）（Total Chromium）	○・○五	毫克／公升
5.鎘（Cadmium）	○・○○五	毫克／公升
6.鋇（Barium）	二・○	毫克／公升
7.銻（Antimony）	○・○一	毫克／公升
8.鎳（Nickel）	○・一	毫克／公升
9.汞（Mercury）	○・○○二	毫克／公升
10.氰鹽（以CN-計）（Cyanide）	○・○五	毫克／公升
11.亞硝酸鹽氮（以氮計）（Nitrite-Nitrogen）	○・一	毫克／公升
消毒副產物	12.總三鹵甲烷（Total Trihalomethanes）	○・○八	毫克／公升
	13.鹵乙酸類（Haloacetic acids）（本管制項目濃度係以檢測一氯乙酸（Monochloroacetic acid, MCAA）、二氯乙酸（Dichloroacetic acid, DCAA）、三氯乙酸（Trichloroacetic acid, TCAA）、一溴乙酸（Monobromoacetic acid, MBAA）、二溴乙酸（Dibromoacetic acid, DBAA）等共5項化合物（HAA$_5$）所得濃度之總和計算之。）	○・○八○ 自中華民國一百零三年七月一日施行。○・○六○ 自中華民國一百零四年七月一日施行。	毫克／公升
	14.溴酸鹽（Bromate）	○・○一。颱風天災期間致水源濁度超過	毫克／公升

項目		最大限值	單位
消毒副產物		500 NTU 時，為因應供水需求及我國特殊氣候水文環境，溴酸鹽標準在該期間不適用。	
	15.亞氯酸鹽（Chlorite）（僅限添加氣態二氧化氯消毒之供水系統）	一・〇	毫克／公升
揮發性有機物	16.三氯乙烯（Trichloroethene）	〇・〇〇五	毫克／公升
	17.四氯化碳（Carbon tetrachloride）	〇・〇〇五	毫克／公升
	18. 1,1,1-三氯乙烷（1,1,1-Trichloro-ethane）	〇・二〇	毫克／公升
	19. 1,2-二氯乙烷（1,2-Dichloroethane）	〇・〇〇五	毫克／公升
	20.氯乙烯（Vinyl chloride）	〇・〇〇二	毫克／公升
	21.苯（Benzene）	〇・〇〇五	毫克／公升
	22.對-二氯苯（1,4-Dichlorobenzene）	〇・〇七五	毫克／公升
	23.1,1-二氯乙烯（1,1-Dichloroethene）	〇・〇〇七	毫克／公升
	24.二氯甲烷（Dichloromethane）	〇・〇二 自中華民國一百零三年七月一日施行。	毫克／公升
	25.鄰-二氯苯（1,2-Dichlorobenzene）	〇・六 自中華民國一百零三年七月一日施行。	毫克／公升
	26.甲苯（Toluene）	一 自中華民國一百零三年七月一日施行。	毫克／公升

項目	最大限值	單位
27.二甲苯（Xylenes）（本管制項目濃度係以檢測鄰-二甲苯（1,2-Xylene）、間-二甲苯（1,3-Xylene）、對-二甲苯（1,4-Xylene）等共3項同分異構物所得濃度之總和計算之。）	一○自中華民國一百零三年七月一日施行。	毫克／公升
28.順-1,2-二氯乙烯（cis-1,2-Dichloroethene）	○‧○七自中華民國一百零三年七月一日施行。	毫克／公升
29.反-1,2-二氯乙烯（trans-1,2-Dichloroethene）	○‧一自中華民國一百零三年七月一日施行。	毫克／公升
30.四氯乙烯（Tetrachloroethene）	○‧○○五自中華民國一百零三年七月一日施行。	毫克／公升
31.安殺番（Endosulfan）	○‧○○三	毫克／公升
32.靈丹（Lindane）	○‧○○○二	毫克／公升
33.丁基拉草（Butachlor）	○‧○二	毫克／公升
34.2,4-地（Dichlorophenoxyacetic acid）	○‧○七	毫克／公升
35.巴拉刈（Paraquat）	○‧○一	毫克／公升
36.納乃得（Methomyl）	○‧○一	毫克／公升
37.加保扶（Carbofuran）	○‧○二	毫克／公升
38.滅必蝨（Isoprocarb）	○‧○二	毫克／公升
39.達馬松（Methamidophos）	○‧○二	毫克／公升
40.大利松（Diazinon）	○‧○○五	毫克／公升
41.巴拉松（Parathion）	○‧○二	毫克／公升

左欄標示：揮發性有機物（項目27–30）、農藥（項目31–41）

項目		最大限值	單位
農藥	42.一品松（EPN）	○‧○○五	毫克／公升
	43.亞素靈（Monocrotophos）	○‧○○三	毫克／公升
持久性有機污染物	44.戴奧辛（Dioxin） 本管制項目濃度係以檢測2,3,7,8-四氯戴奧辛（2,3,7,8-Tetrachlorinated dibenzo-p-dioxin-2,3,7,8-TeCDD），2,3,7,8-四氯呋喃（2,3,7,8-Tetra chlorinated dibenzofuran,2,3,7,8-TeCDF）及2,3,7,8-氯化之五氯（Penta-），六氯（Hexa-），七氯（Hepta-）與八氯（Octa-）戴奧辛及呋喃等共十七項化合物所得濃度，乘以世界衛生組織所訂戴奧辛毒性當量因子（WHO-TEFs）之總和計算之，並以總毒性當量（TEQ）表示。（淨水場周邊五公里範圍內有大型污染源者，應每年檢驗一次，如連續兩年檢測值未超過最大限值，自次年起檢驗頻率得改為兩年一次。）	三 自中華民國一百零三年七月一日施行。	皮克-世界衛生組織-總毒性當量／公升（pg-WHO-TEQ/L）

(二)可能影響健康物質：

項目	最大限值	單位
1.氟鹽（以F⁻計）（Fluoride）	○‧八	毫克／公升
2.硝酸鹽氮（以氮計）（Nitrate-Nitrogen）	一○‧○	毫克／公升
3.銀（Silver）	○‧○五	毫克／公升
4.鉬（Molybdenum） （淨水場取水口上游周邊五公里範圍內有半導體製造業、光電材料及元件製造業等污染源者，應每季檢驗一次，如連續兩年檢測值未超過最大限值，自次年起檢驗頻率得改為每年檢驗一次。）	○‧○七	毫克／公升

項目	最大限值	單位
5.銦（Indium） （淨水場取水口上游周邊五公里範圍內有半導體製造業、光電材料及元件製造業等污染源者，應每季檢驗一次，如連續兩年檢測值未超過最大限值，自次年起檢驗頻率得改為每年檢驗一次。）	○‧○七	毫克／公升

(三)影響適飲性、感觀物質：

項目	最大限值	單位
1.鐵（Iron）	○‧三	毫克／公升
2.錳（Manganese）	○‧○五	毫克／公升
3.銅（Copper）	一‧○	毫克／公升
4.鋅（Zinc）	五‧○	毫克／公升
5.硫酸鹽（以 SO_4^{2-} 計）（Sulfate）	二五○	毫克／公升
6.酚類（以酚計）（Phenols）	○‧○○一	毫克／公升
7.陰離子界面活性劑（MBAS）	○‧五	毫克／公升
8.氯鹽（以 Cl^- 計）（Chloride）	二五○	毫克／公升
9.氨氮（以氮計）（Ammonia-Nitrogen）	○‧一	毫克／公升
10.總硬度（以 $CaCO_3$ 計）（Total Hardness as $CaCO_3$）	三○○	毫克／公升
11.總溶解固體量（Total Dissolved Solids）	五○○	毫克／公升

項目	最大限值	單位
12.鋁（Aluminium） （本管制項目濃度係以檢測總鋁形式之濃度）	○‧四 自中華民國一百零三年七月一日施行。 ○‧三 自中華民國一百零四年七月一日施行。 ○‧二 自中華民國一百零八年七月一日施行。 陸上颱風警報期間水源濁度超過500NTU時，及警報解除後三日內水源濁度超過1000NTU時，鋁標準不適用。	毫克／公升

(四)有效餘氯限值範圍（僅限加氯消毒之供水系統）：

項目	限值範圍	單位
自由有效餘氯 （Free Residual Chlorine）	○‧二～一‧○	毫克／公升

(五)氫離子濃度指數（公私場所供公眾飲用之連續供水固定設備處理後之水，不在此限）限值範圍：

項目	限值範圍	單位
氫離子濃度指數 （pH值）	六‧○～八‧五	無單位

第4條　　　自來水、簡易自來水、社區自設公共給水因暴雨或其他天然災害致飲用水水源濁度超過二○○NTU時，其飲用水水質濁度得適用下列水質標準：

項目	最大限值	單位
濁度 （Turbidity）	四（水源濁度在五〇〇NTU以下時）	NTU
	十（水源濁度超過五〇〇NTU，而在一五〇〇NTU以下時）	
	三十（水源濁度超過一五〇〇NTU時）	

　　　　　　前項飲用水水源濁度檢測數據，由自來水事業、簡易自來水管理單位或社區自設公共給水管理單位提供。

　　　　　　第一項處理後之飲用水，其濁度採樣地點應於淨水場或淨水設施處理後，進入配水管線前採樣。

第5條　　　自來水、簡易自來水、社區自設公共給水因暴雨或其他天然災害致飲用水水源濁度超過五〇〇ＮＴＵ時，其飲用水水質自由有效餘氯（僅限加氯消毒之供水系統）得適用下列水質標準：

項目	限值範圍	單位
自由有效餘氯 （Free Residual Chlorine）	〇·二～二·〇	毫克／公升

第6條　　　（刪除）

第7條　　　本標準所定各水質項目之檢驗方法，由中央主管機關訂定公告之。

第8條　　　主管機關辦理本標準水質之檢驗，得委託合格之檢驗測定機構協助辦理。

第9條　　　本標準規定事項，除另定施行日期者外，自發布日施行。

參考文獻

1. 高肇藩：衛生工程（上）給水篇。
2. 李公哲：水質工程學（譯），中國工程師學會出版。
3. 歐陽嶠暉：下水道工程學，長松出版社。
4. 環保署環訓所廢水處理專責人員訓練教材。
5. 陳之貴：環工研究所、技師高考各科總整理，2007，文笙書局。
6. 陳之貴：環工機械設計選用實務，2004，曉園出版社。
7. 大展國際工程顧問股份有限公司規劃設計實際案例。
8. 大陸水工股份有限公司之規劃、設計、承建或操作維護實際案例。
9. 黃政賢：給水工程學精要，曉園出版社。
10. YOU TEC宇廣科技股份有限公司設備型錄。
11. 台灣極水股份有限公司設備規範。
12. 駱尚廉、楊萬發：自來水工程，茂昌圖書有限公司。

國家圖書館出版品預行編目資料

給水與純水工程：理論與設計實務／陳之貴
著.--二版.--臺北市：五南圖書出版股份有
限公司, 2023.07
　　面；　　公分.

ISBN 978-626-366-237-7（平裝）

1.CST：給水工程

445.2　　　　　　　　　112009583

5G33

給水與純水工程—理論與設計實務

作　　　者 — 陳之貴(255.9)

發 行 人 — 楊榮川

總 經 理 — 楊士清

總 編 輯 — 楊秀麗

副總編輯 — 王正華

責任編輯 — 金明芬

封面設計 — 姚孝慈

出 版 者 — 五南圖書出版股份有限公司

地　　　址：106台北市大安區和平東路二段339號4樓

電　　　話：(02)2705-5066　　傳　　真：(02)2706-6100

網　　　址：https://www.wunan.com.tw

電子郵件：wunan@wunan.com.tw

劃撥帳號：01068953

戶　　　名：五南圖書出版股份有限公司

法律顧問　林勝安律師

出版日期　2015年9月初版一刷
　　　　　2023年7月二版一刷

定　　　價　新臺幣450元

經典永恆·名著常在

五十週年的獻禮——經典名著文庫

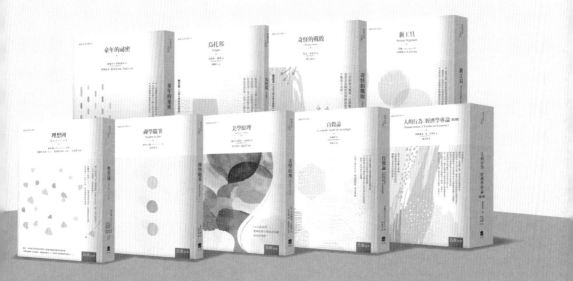

五南，五十年了，半個世紀，人生旅程的一大半，走過來了。

思索著，邁向百年的未來歷程，能為知識界、文化學術界作些什麼？

在速食文化的生態下，有什麼值得讓人雋永品味的？

歷代經典·當今名著，經過時間的洗禮，千錘百鍊，流傳至今，光芒耀人；

不僅使我們能領悟前人的智慧，同時也增深加廣我們思考的深度與視野。

我們決心投入巨資，有計畫的系統梳選，成立「經典名著文庫」，

希望收入古今中外思想性的、充滿睿智與獨見的經典、名著。

這是一項理想性的、永續性的巨大出版工程。

不在意讀者的眾寡，只考慮它的學術價值，力求完整展現先哲思想的軌跡；

為知識界開啟一片智慧之窗，營造一座百花綻放的世界文明公園，

任君遨遊、取菁吸蜜、嘉惠學子！